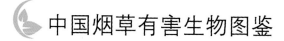 中国烟草有害生物图鉴

中国烟草昆虫图鉴

ZHONGGUO YANCAO KUNCHONG TUJIAN

王凤龙　　周义和　　任广伟　主编

U0249277

中国农业出版社

图书在版编目（CIP）数据

中国烟草昆虫图鉴／王凤龙，周义和，任广伟主编．
—北京：中国农业出版社，2018.1（2020.7重印）
ISBN 978-7-109-23530-4

Ⅰ．①中… Ⅱ．①王… ②周… ③任… Ⅲ．①烟草害
虫－昆虫－病虫害防治－中国－图集 Ⅳ.
①S435.72-64

中国版本图书馆CIP数据核字（2017）第279248号

中国农业出版社出版
（北京市朝阳区麦子店街18号楼）
（邮政编码 100125）
责任编辑 阎莎莎 张洪光

北京中科印刷有限公司印刷 新华书店北京发行所发行
2018年1月第1版 2020年7月北京第2次印刷

开本：787mm×1092mm 1/16 印张：11.5
字数：310千字
定价：75.00元
（凡本版图书出现印刷、装订错误，请向出版社发行部调换）

编 辑 委 员 会

主　　编　王凤龙　周义和　任广伟
副 主 编　王秀芳　秦西云　郑方强
编写人员（以姓氏音序排列）

白建保	陈 丹	陈德鑫	陈荣华
陈顺辉	崔昌范	邓海滨	丁 伟
董大志	方 红	高 崇	高 萍
高正良	顾 钢	李 波	李传仁
李方楼	李富欣	李锡宏	李 莹
李志文	刘长明	卢燕回	陆 温
孟建玉	裴洲洋	钱玉梅	秦西云
任广伟	商胜华	苏 丽	孙宏伟
孙剑萍	谭 军	汤朝起	唐庆峰
万树青	王 芳	王海涛	王丽艳
王新伟	王秀芳	王 颖	王玉波
仵均祥	肖志新	徐蓬军	徐 茜
许汝冰	许再福	薛宝燕	余 清
曾爱平	张超群	张 帅	张妍妍
张永强	赵 宇	郑方强	郑 礼
郑霞林	周本国	周米良	朱启法

前言

FOREWORD

　　烟草是我国重要的经济作物之一，也是云南、贵州、四川、湖南、河南等烟草种植区烟农的主要经济来源。烟草害虫是影响我国烟叶生产可持续发展的重要因素，每年都造成较大的经济损失。

　　20世纪90年代初期，我国曾开展"全国烟草昆虫调查研究"工作，基本查明了当时为害我国烟草的害虫种类及分布，并对重要害虫、天敌种类进行了较为深入的研究。近年来，烟草种植区域、栽培措施、生态条件等发生了较大变化，导致我国烟草有害生物发生状况日趋复杂。鉴于此，2010年，中国烟草总公司启动"全国烟草有害生物调查研究"项目，该项目由中国烟叶公司、国家烟草专卖局科技司牵头，中国农业科学院烟草研究所主持，全国35家相关科研院所和高等院校共同参与，联合23个植烟省（自治区、直辖市）开展了大量调查研究工作。历时5年，基本明确了现阶段我国烟田发生的害虫、天敌种类及分布情况，查明烟田害虫700多种，天敌昆虫400多种，并明确了主要害虫的发生规律。相关研究成果为烟草主要害虫的绿色防控奠定了基础。

　　为了反映"全国烟草有害生物调查研究"项目成果，并为烟草植物保护科技工作者提供一部较为实用的工具书，特编撰、出版《中国烟草昆虫图鉴》一书。

　　本书共分为七章，包括地下害虫、刺吸类害虫、食叶类害虫、潜叶和蛀食类害虫、贮烟害虫、捕食性天敌、寄生性天敌，收录了常见的烟草害虫及天敌种类，其中包括68种害虫（包括软体动物）和33种天敌（包括病原微生物）。本书重点介绍了害虫的为害状、形态特征、发生规律和防治方法，以及主要天敌种类的形态特征及发生规律等，并附烟田常见昆虫的形态特征和害虫为害状图片。

本书图文并茂，通俗易懂，所介绍的害虫防治方法实用性和可操作性强，可供广大烟叶生产技术人员、植物保护工作者、高等院校师生参考使用。

在本书的编写过程中，中国烟叶公司、国家烟草专卖局科技司、中国农业科学院烟草研究所及相关科研院所和高等院校给予大力支持和帮助，山东农业大学李照会教授、山东农业大学许永玉教授、贵州大学郐军锐教授、陕西理工学院霍科科教授、河南农业大学蒋金炜教授、中国科学院动物研究所张魁艳博士、中国农业科学院植物保护研究所陆宴辉研究员、河北省农林科学院植物保护研究所潘文亮研究员、武汉市蔬菜科学研究所司升云研究员、湖南师范大学王成博士等专家学者提供部分图片，在此一并表示衷心感谢！

由于时间仓促，加之编者水平有限，书中错误或不妥之处在所难免，恳请广大读者批评指正。

编　者
2017年5月

目录
CONTENTS

前言

第一章 | 地下害虫
CHAPTER1

　　地下害虫是指为害期或主要为害虫态生活在土壤中、主要为害植物的地下部分（种子、根、茎等）和近地面部分的一类害虫，亦称土壤害虫或土栖害虫。地下害虫种类很多，我国农作物大田中常见的地下害虫包括蛴螬、金针虫、蝼蛄、地老虎、拟地甲和根蚜等近20类、320余种，分属于昆虫纲8目38科。烟田地下害虫常见的种类包括小地老虎、黄地老虎、大地老虎、沟金针虫、细胸金针虫和网目拟地甲等，其中为害较重的以地老虎、金针虫等种类为主，尤以地老虎发生最普遍、为害最重。

　　地下害虫的发生为害遍及全国各地，寄主植物种类广泛，可为害粮食作物、油料作物、蔬菜、麻类、中草药、牧草、花卉和草坪草等多种植物，也是果树和林木苗圃的重要害虫。烟田地下害虫主要在烟苗移栽至团棵期进行为害，取食烟株根系或近地面嫩茎，破坏根系组织，影响生长发育，常造成缺苗断垄等。

　　地下害虫生活在土壤中，受环境条件的影响，在长期适应进化的过程中，形成了其独特的发生为害特点，如寄主范围广、生活周期长、具有隐蔽性等，不易被及时发现，因而增加了防治上的困难，防治不当时可对烟叶生产造成严重损失。

01 | 小地老虎

　　小地老虎（*Agrotis ipsilon*）属鳞翅目（Lepidoptera）夜蛾科（Noctuidae），是一种世界性害虫，其分布最北达62°N的丹麦法罗群岛，最南达52°S的新西兰坎贝尔岛。在我国各烟区均有分布，云南、贵州和四川等烟区发生较重，除为害烟草外，还可为害多种粮食作物、蔬菜和林木幼苗等。

　　【为害状】以幼虫为害移栽至团棵期的幼苗，造成缺苗断垄。一至二龄幼虫取食嫩烟叶成缺刻或孔洞，三龄后昼伏夜出，在近地面处咬断嫩茎。

　　【形态特征】

　　成虫：体长16～23mm，翅展42～54mm，暗褐色。雌蛾触角丝状，雄蛾触角双栉齿状，栉齿仅达触角1/2处，端部1/2为丝状。前翅暗褐色，翅前缘颜色较深；亚基线、内横线与外横线均为暗色双线夹一白线所成的波状线；楔状纹黑色，肾状纹与环状纹暗褐色，有黑色轮廓线，肾状纹外侧有1个尖端向外的楔状纹，亚缘线内侧有2个尖端向内的黑色楔状纹与之相对。后翅灰白色，前缘附近黄褐色。

小地老虎为害状

小地老虎雄成虫

小地老虎雌成虫

小地老虎幼虫

卵：半球形，直径0.6mm，表面有纵横相交的隆线，初产时乳白色，孵化前呈棕褐色。

幼虫：老熟幼虫体长37～50mm，黄褐至黑褐色，体表密布黑色颗粒状小突起。腹部一至八节背面各节上均有4个毛片，后排两个比前排两个大1倍以上。腹末臀板黄褐色，有2条深褐色纵带。

蛹：体长18～24mm，红褐至黑褐色。腹部四至七节基部有1圈刻点，背面的大而色深，腹末具1对臀棘。

【发生规律】小地老虎无滞育现象，条件适宜时可终年繁殖，是一种典型的季节性迁飞害虫。

越冬特点：在我国的越冬北界位于1月份0℃等温线或33°N一线，可分为4类越冬区。

1. **主要越冬区**：10℃等温线以南。夏季高温很难见到小地老虎，秋季虫源来自北方。冬季生长发育正常，形成较大种群，翌年3月份越冬代成虫大量迁出，为我国春季主要迁出虫源基地。

2. **次要越冬区**：4～10℃等温线之间。夏季虫量较少，秋季迁入虫量也少。1～2月份气温低于幼虫发育起点温度，幼虫发育缓慢，越冬代成虫到4月份才出现迁出峰，且迁出量较少。春季有大量北迁成虫过境。

3. **零星越冬区**：0～4℃等温线之间。夏季和秋季种群密度较低，秋季迁入虫量少，冬季0℃低温持续时间长，小地老虎极少存活，春季虫源来自南方，并有部分过境。

4. **非越冬区**：0℃等温线以北。冬前虫量极少，冬季全部死亡。春季越冬代成虫全部由南方迁入，第一代成虫大量外迁。

年发生世代：我国年发生代数1～7代不等。长城以北1年发生2～3代，长城以南黄河以北1年发生3代，黄河以南至长江沿岸1年发生4代，长江以南1年发生4～5代，南亚热带地区1年发生6～7代。各地无论年发生代数多少，在生产上造成严重危害的均为第一代幼虫。南方越冬代成虫一般2月份出现，全国大部分地区越冬代成虫出现盛期在3月下旬至4月上中旬。

主要习性：成虫昼伏夜出，白天潜伏于杂物及缝隙等处，黄昏后开始飞翔、觅食并交配、产卵。具很强的趋光性和趋化性。卵散产于低矮叶密的杂草和作物幼苗上，少数产于枯叶、土缝中，近地面处落卵最多，每雌产卵800～1000粒，多者可达2000粒；幼虫6龄，个别7～8龄。一至二龄幼虫昼夜群集于幼苗顶心嫩叶处取食为害；三龄后分散，白天入土潜伏，晚上出来为害。有假死习性，受到惊扰即蜷缩成团。幼虫老熟后在深约5cm的土室中化蛹。

迁飞规律：春季越冬代成虫从越冬区逐步由南向北迁移，秋季再由北向南迁回到越冬区过冬，从而构成1年内大区间的世代循环。在我国北方，小地老虎越冬代成虫都是由南方迁入的，属越冬代成虫与一代幼虫多发型。小地老虎不仅存在南北方向或东西方向的水平迁飞，而且还存在不同海拔地区的垂直迁飞现象。

【防治方法】(1) 合理轮作（如烟稻轮作），深耕细耙，冬耕冬灌，合理施肥，施用充分腐熟的农家肥。(2) 在当地越冬代成虫发生前，利用性信息素诱捕器、杀虫灯或糖醋酒水液（糖：醋：酒：水＝3：4：1：2，加少量敌百虫）诱杀成虫，利用新鲜泡桐叶诱捕幼虫（每667m² 60～80片）。(3) 施用毒饵或毒草：将90%敌百虫可溶性粉剂0.5kg或40%辛硫磷乳油500mL加水2.5～5.0kg，拌以幼虫喜食的碎鲜草或菜叶30～50kg；或将90%敌百虫可溶性粉剂0.5kg加水1～5kg，喷在25～30kg磨碎炒香的菜籽饼或豆饼上。将毒饵或毒草于傍晚撒到烟苗根际，每667m²用量15～30kg。(4) 垄体施药：结合起垄覆膜，垄面喷施生物药剂或化学药剂，或结合定根水施用药剂防治地老虎幼虫，可选择100%烟碱乳油600～800倍液、10%高效氯氟氰菊酯水乳剂6000～8000倍液、5%氯氰菊酯乳油5000～6000倍液等药剂。或移栽前7d左右起垄打孔，选用白僵菌或绿僵菌制剂，均匀撒施于烟穴中防治地老虎幼虫，用法和用量根据不同药剂类型而定。

02 | 大地老虎

　　大地老虎（*Agrotis tokionis*）属鳞翅目（Lepidoptera）夜蛾科（Noctuidae），除为害烟草外，还可为害多种农作物、牧草及草坪草等，是一种多食性害虫。国外主要分布在苏联到日本一带，在我国主要分布于云南、贵州、广西、湖南、湖北、山东、河南、陕西等地。

大地老虎为害状

大地老虎成虫

大地老虎幼虫（示臀板）

　　【为害状】以幼虫为害移栽至团棵期的幼苗，常切断幼苗近地面的茎部，使整株死亡，造成缺苗断垄。

　　【形态特征】

　　成虫：体长20～22mm，翅展45～48mm，头、胸部褐色，下唇须第二节外侧具黑斑，颈板中部具黑横线1条。雌蛾触角丝状，雄蛾触角双栉齿状，几乎达到触角末端。前翅前缘自基部至2/3处呈黑褐色，腹部、前翅灰褐色，外横线以内前缘区、中室暗褐色；基线双线褐色达亚中褶处；内横线波浪形，双线黑色；剑纹黑边窄小；环纹圆形，褐色，具黑边；肾纹较大且具黑边，褐色，外侧具1个黑斑，近达外横线；中横线褐色；外横线锯齿状双线褐色；亚缘线锯齿形浅褐色；缘线呈1列黑色点。后翅浅黄褐色。

　　卵：半球形，长1.8mm，高1.5mm，初为淡黄色后渐变黄褐色，孵化前灰褐色。

　　幼虫：老熟幼虫体长41～61mm，黄褐色，体表皱纹多，颗粒不明显。头部褐色，中央具黑褐色纵纹1对，各腹节背面前后各有2个毛片且大小相似。气门黑色，长卵形，臀板除末端2根刚毛附近为黄褐色外，几乎全为深褐色，且布满龟裂状皱纹。

　　蛹：体长23～29mm，初为浅黄色，后变黄褐色。第四至七腹节基部密布刻点，第五至七节刻点环体一周，背面和侧面刻点大小相似，气门下方无刻点，臀棘1对。

【发生规律】每年发生1代，以三至六龄幼虫在土表或草丛中潜伏越冬，越冬幼虫在4月份开始活动为害，6月中下旬老熟幼虫在土壤3～5cm深处筑土室越夏。越夏幼虫对高温有较强的抵抗力，但由于土壤湿度过干或过湿，或土壤结构受耕作等生产活动所破坏，越夏幼虫死亡率很高。越夏幼虫至8月下旬化蛹，9月中下旬羽化为成虫，单雌产卵量648～1 486粒，卵散产于土表或幼嫩的杂草茎叶上，孵化后，常在草丛间取食叶片，气温上升到6℃以上时，越冬幼虫仍活动取食，抗低温能力较强，在–14℃情况下越冬幼虫很少死亡。

【防治方法】参考小地老虎防治方法。

03 | 黄地老虎

黄地老虎（Agrotis segetum）属鳞翅目（Lepidoptera）夜蛾科（Noctuidae），国外分布于欧洲、亚洲、非洲各地，在我国以北方各省份发生较多。主要为害地区在降水量较少的草原地带，如华北及新疆、内蒙古部分地区，在甘肃河西以及青海西部常造成严重危害。除为害烟草外，还可为害各种农作物、牧草及草坪草等，是一种多食性害虫。

【为害状】在烟草移栽至团棵期，幼虫切断幼苗近地面的嫩茎，使整株死亡，造成缺苗断垄。

黄地老虎为害烟苗　　　　　　　　　　黄地老虎为害烟草成株

【形态特征】

成虫：体长13～19mm，翅展30～43mm，全体淡土黄色。前翅黄褐色，基线、内线均双线褐色。剑纹小，黑褐边。环纹黑边，中央有1个黑褐色点。肾纹棕褐色，具黑边。中横线褐色波浪形，后半部不明显。外缘线褐色锯齿形，亚缘线褐色，缘线为1列近

黄地老虎雌成虫

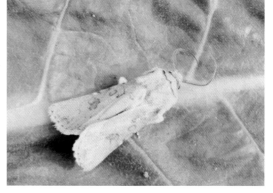
黄地老虎雄成虫

三角形小黑点。后翅白色半透明，翅脉褐色，外缘色暗。雌蛾触角丝状，色较暗，前翅斑纹不显著。雄蛾触角双栉齿状，栉齿约达触角2/3处，端部1/3为丝状。雄蛾外生殖器钩形突，顶端尖；抱器端具冠刺，铗片基部粗，端部弯曲向腹缘；阳茎比抱器瓣短，内囊端部有1个角状器。

卵：扁圆形，顶部较隆起，底部较平，高0.44～0.49mm，直径0.69～0.73mm，黄褐色。卵孔不显著，从顶部到底部有纵棱13条，中部有纵棱38～41条，横道细，呈砌瓦形，由顶部到底部有横道14～18道，横格长方形。

幼虫：老熟幼虫体长约37mm，两端略细。头部褐色，具黑褐色不规则花纹，额片底边大于斜边，傍额缝两侧暗褐色。体黄褐色，颗粒小，不突出，呈不规则的多角形，亚背线、气门线淡褐色；气门椭圆形，黑色；前胸盾黄褐色；臀板暗褐色，上具小黑点，中间有1淡色纵纹，将臀板分为两块；胸足黄褐色，腹足黄色。

黄地老虎幼虫（右示臀板）

蛹：体长15～20mm，体宽6～7mm，红褐色。下唇须细长，纺锤形，下颚须可见，下颚末端达前翅末端前方，前足转节、腿节可见，中足不与复眼相接，中足末端约与下颚末端平齐，触角末端达中足末端前方，后足在下颚末端露出一部分，前翅达第四腹节后缘。腹部第四节背面中央有稀少而不明显的刻点；五至七节背面前缘中央至侧面密布细小刻点9～10排，基部的刻点小而圆，端部的较大，半圆形，腹面有刻点数排；腹部末端稍延长，着生粗刺1对。

【发生规律】黑龙江、辽宁、内蒙古和新疆北部1年发生2代，甘肃河西地区2～3代，新疆南部3代，陕西3代。以老熟幼虫在麦田、绿肥、草地、菜地、休闲地、田埂以及沟渠堤坡附近的土壤中越冬。一般虫口密度田埂大于田中，向阳面田埂大于背阴面。春季气温回升，越冬幼虫开始活动。4～5月为各地越冬

黄地老虎蛹

代成虫发生盛期。陕西（关中、陕南）第一代幼虫出现于5月中旬至6月上旬，第二代幼虫出现于7月中旬至8月中旬，越冬代幼虫出现于8月下旬至翌年4月下旬。

黄地老虎严重为害地区多为较干旱的地区或季节，如西北、华北等地，但十分干旱的地区发生也很少。

成虫昼伏夜出，具一定的趋光性，习性与小地老虎相似，但对糖醋酒液无明显趋性，成虫在草棒、须根、土块以及芝麻、苘麻和杂草的叶片背面产卵。单雌产卵量300～600粒。幼虫三龄前在心叶取食，三龄后昼伏夜出，可咬断幼苗，为害严重。

【防治方法】参考小地老虎防治方法。

04 │ 紫切根虫

紫切根虫（*Peridroma clerica*）属鳞翅目（Lepidoptera）夜蛾科（Noctuidae），异名*Euxoa clerica*、*Agrotis clerica*，别名紫地老虎、切夜蛾。紫切根虫为多食性害虫，寄主植物包括烟草、玉米、高粱、大豆、甜菜、油菜等，也可为害多种林木幼苗。分布于我国华东、华北、华南及浙江、河南、湖南、四川、陕西、辽宁和云南等地。

【为害状】幼虫可将幼嫩烟株从根颈基部切断，也可将叶片取食成孔洞，严重时食光大部分叶片。

【形态特征】

成虫：体长18～20mm，翅展43～46mm。头、胸、腹紫褐色，下唇须褐色。前翅酱紫色，前缘色稍深，各横线

紫切根虫成虫

紫切根虫幼虫

不明显,外缘线锯齿状,环纹小,圆形,肾纹稍大,灰褐色,周围轮廓明显;后翅白色,端缘和翅脉黑褐色。雄蛾色稍淡,雌蛾较深。

幼虫:体长35~45mm,圆柱形,黄褐色。头部黄褐色,中央有1弧形斑纹。侧线波状。气门黑色。

蛹:体长10~15mm,光滑,红褐色,第五至七腹节各具1列细小刺,末腹节顶端具1对粗刺。

【发生规律】1年发生2~3代,以幼虫在菜地、冬闲地草丛表土下越冬。4~6月为幼虫为害期。成虫有趋光性,幼虫昼伏夜出。

【防治方法】(1)农业防治:烟草采收后,尽快处理烟草残株。烟草移栽前清除烟田及周围杂草,防止成虫产卵是关键一环;若已产卵,并发现一至二龄幼虫,则应先喷药除草后再移栽烟苗,以免个别幼虫入土隐蔽。清除的杂草,要远离烟田,晒干烧毁。(2)物理防治:用杀虫灯或糖醋酒液诱杀成虫。(3)化学防治:一至三龄幼虫抗药性差,且暴露在寄主植物或地面上,是药剂防治的最佳时期,可喷施拟除虫菊酯类药剂进行防治。

05 | 白边地老虎

白边地老虎(*Euxoa oberthuri*)属鳞翅目(Lepidoptera)夜蛾科(Noctuidae),别名白边切根虫、白边切夜蛾。食性杂,可为害玉米、高粱等禾本科作物和大豆、烟草、甜菜等经济作物,还为害豆科、十字花科等多种蔬菜。国内主要分布于东北、华北、西南等地。

【为害状】以幼虫为害移栽至团棵期的烟苗,造成缺苗断垄。一至二龄幼虫取食烟叶成小孔或缺刻,三龄以上幼虫在近地面处咬断嫩茎。

【形态特征】

成虫:体长16~19mm,翅展42~45mm。雌蛾触角丝状,雄蛾触角双栉齿状。胸部红褐色,颈板中央有黑、白横纹。前翅狭长,褐色,可分为两种基本色型,白边型前翅前缘有明显灰白色至黄白色宽边,中室后缘有白色狭边,剑纹黑色,环纹及肾纹灰白色,明显;暗化型前翅全为深褐色,无白边。后翅均

白边地老虎成虫

褐色，缘毛灰白色。

卵：半球形，直径约0.7mm。初产时乳白色，孵化前变成灰褐色。

幼虫：老熟幼虫体长35～45mm，黄褐色，体表光滑，无颗粒。头黄褐色，有明显的"八"字形斑纹。胸、腹部气门线以上区域淡黑色，气门线以下浅褐色或浅灰色。腹末臀板黄褐色，前缘及两侧深褐色，小黑点多集中于臀板基部，排成2个弧形。

蛹：体长18～20mm，黄褐色。腹部第三至七节前缘有许多小刻点，末端有1对臀棘。

【发生规律】东北地区1年发生1代。以胚胎发育成熟的卵在表土中越冬。越冬卵4月中下旬孵化。初孵幼虫在小蓟、灰菜等寄主上取食，5～6月是幼虫为害盛期。6月中下旬老熟幼虫化蛹，7月中旬开始羽化，7月下旬至8月上中旬为羽化盛期。成虫经补充营养后于7月下旬开始产卵，卵经15～20d完成胚胎发育而进入滞育状态越冬。

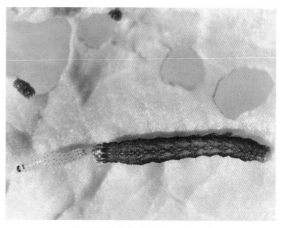

白边地老虎幼虫（张治良摄）

白边地老虎蛹 （张治良摄）

成虫昼伏夜出。白天潜伏于杂草、土缝、屋檐下等潮湿隐蔽处，受惊后可作短距离飞行，晚20～22时取食、交尾。有趋光性和趋化性。卵多产在土层下宿根植物的根基附近或草根、干草上。卵粒黏着成堆，也有散开的。每雌产卵200粒左右。幼虫共6龄，少数5龄或7龄，一至二龄幼虫昼夜活动，在植物幼苗的心叶间或叶背取食叶肉，留下一层表皮，也可咬成孔洞或缺刻。三龄以后，白天潜伏在2～3cm的表土里，夜间出来活动并大量迁入农田垄间为害，咬断幼苗。当食料缺乏或环境条件不适时，可引起老龄幼虫迁移为害，造成更大的损失。幼虫有假死性，受惊后蜷曲成一团。

【防治方法】（1）农业防治：冬季深翻，除草灭虫。（2）物理防治：利用杀虫灯或糖醋酒液诱杀成虫，或堆杂草诱杀幼虫。（3）化学防治：选用2.5%溴氰菊酯乳油2 000～3 000倍液等药剂于幼虫三龄前喷施；或将切碎的新鲜菜叶或鲜草在90%敌百虫晶体100倍液中浸泡10min，在傍晚撒施在烟草幼苗旁边，每公顷用30～40kg；或用90%敌百虫晶体0.5kg，加水2.5～5kg，喷在50kg粉碎炒香的棉籽饼或麦麸上制成毒饵，每公顷用4～5kg；或施毒土，用50%辛硫磷乳油50mL或2.5%溴氰菊酯乳油100mL拌50kg细土，每公顷施毒土300～375kg。

06 | 三叉地老虎

三叉地老虎（*Agrotis trifurca*）属鳞翅目（Lepidoptera）夜蛾科（Noctuidae），异名 *Euxoa trifurca* (Eversmann)，别名三叉地夜蛾、黑三条地老虎、三叉切根虫等。三叉地老虎属古北区种，分布于我国辽宁、吉林、黑龙江、内蒙古、山西、河北、甘肃、青海、新疆及蒙古和俄罗斯等地。幼虫除为害烟草外，还为害甜菜、大豆、赤小豆、高粱、玉米、粟、苜蓿以及马铃薯等多种茄科作物。

【为害状】幼龄幼虫取食嫩烟叶成小孔或缺刻，四龄以上常咬食烟茎，造成缺苗或烟茎上出现蛀孔。

【形态特征】

成虫：体长约20mm，翅展约42mm。头部和胸部褐色，前翅褐色或淡褐色带紫色，翅脉两侧浅灰色。基线、内横线均双线黑色，外横线黑褐色，锯齿形；亚缘线灰白色，两侧各有1列黑色齿形纹，缘线由1列三角形黑点组成。剑状纹长舌形，具黑边；环状纹内端较尖，黑边；肾状纹褐色，中央有黑褐色窄圈。环状纹与肾状纹之间黑色或暗褐色。后翅褐黄色。腹部灰褐色。

卵：扁圆形，高约0.5mm，宽约0.65mm。卵壳表面有纵脊及横道。

三叉地老虎雌成虫　　　　　　　　　三叉地老虎雄成虫（张治良摄）

幼虫：老熟幼虫体长50～60mm。体粗壮，多皱纹，全体布满密集的细小颗粒。头部黄褐色，颅侧区散有黑褐色网纹；额缝外侧有黑褐色纵宽带，从正面看排成"八"字形。冠缝极短，两冠缝在顶端不相交，直达颅顶，使额顶部突出成双峰状。后唇基中间有一大块三角形褐斑。前胸盾黄褐色。体灰褐色或灰黑色，背线灰白色，有淡黑色边，背线与亚背线间灰褐色，夹有灰白色网纹，气门下线以下浅灰色。臀板深褐色，多皱纹，上有黄褐色连成M形的块状斑。气门黑色椭圆形。

蛹：体长22～24mm，橘红色。第五至七腹节背面前缘的中央部深褐色，末节有许多皱褶，其两侧各有1个小的角状突起。臀棘延长，末端有刺1对，其端部色较深，尖端无钩。

【发生规律】1年发生1代，以二至四龄幼虫在土内越冬，入冬前无明显为害行为，翌年气温回升后开始取食、为害。幼虫共7龄，三龄后白天潜伏土内，夜间取食，至四龄后进入暴食期，6月份达为害盛期，为害期一直持续到7月初。6、7月间陆续化蛹，蛹期约15d。成虫在7月下旬至9月上旬出现，8月中旬进入盛期，同时进入产卵盛期。卵多产于干枯的植物上，少数产于表层土缝中。卵期7～10d。成虫昼伏夜出，对灯光和糖蜜有较强的趋性。

【防治方法】参考小地老虎防治方法。

07 | 八字地老虎

八字地老虎（*Xestia c-nigrum*）属鳞翅目（Lepidoptera）夜蛾科（Noctuidae），异名 *Amathes c-nigrum*、*Agrotis c-nigrum*，别名八字鲁夜蛾。分布于我国各地及亚洲其他地区、欧洲和美洲。寄主种类繁多，幼虫除为害烟草外，还为害小麦、荞麦、青稞、玉米、棉花、豌豆、油菜、白菜、甘蓝、萝卜、茄子、番茄、马铃薯、葡萄幼苗、人参和红花等。在黑龙江省宁安市为害烟草的地老虎以八字地老虎为主，在吉林、辽宁、陕西、云南、贵州、四川等烟区均有八字地老虎为害。

【为害状】幼虫三龄以前昼夜活动，啃食嫩叶。三龄以后，白天在表土的干湿层间潜伏，夜间活动取食，常咬断幼苗嫩茎，并拖入土穴内咬食。

【形态特征】

成虫：翅展29～36mm。头、胸褐色。前翅灰褐带紫色，前缘区中段浅褐色；基线、内横线和外横线均双线，黑色；亚缘线浅黄色，内侧微黑，前端有两条黑色齿形斜纹；中室黑色，但从前缘起有1淡褐色三角形，顶角直达中室后缘中部；肾纹褐色，外缘黑色，前方有2个黑点。后翅淡黄色，外缘淡灰褐色。腹部褐色带紫色。足黑色有白环。

卵：高约0.8mm，宽约0.1mm，半球形，表面具纵脊与横道。初产时乳白色，渐变淡褐色，再变褐色，孵化前呈黑色。

幼虫：老熟幼虫体长30～40mm。头部黄色，中央有1对黑褐色弧形纹，近"八"字形。颅侧区具有暗褐色不规则网纹。额高长于

八字地老虎成虫

冠缝。体黄色至褐色，背面与侧面除气门下线外，满布褐色不规则花纹，体表较光滑，无颗粒；背线灰色；亚背线由间断的黑褐色条纹组成，从背面看形成倒"八"字形，越到后端越明显。气门线暗褐色，气门下线为灰白色宽带。气门椭圆形，气门筛灰白色，围气门片黑色。胸足与腹足均黄褐色，趾钩单序。

蛹：体长约19mm，黄褐色。腹部四至七节背面和腹面前缘具有5～7排圆形和半圆形凹纹，中间密些，两侧稀少。腹端着生红色粗而弯曲的刺1对，背面及两侧着生淡黄色细小钩形刺2对。

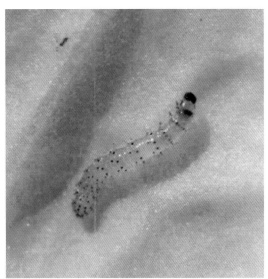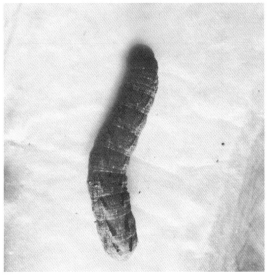

八字地老虎低龄幼虫（左）和老熟幼虫（右）（张治良摄）

八字地老虎幼虫头壳（张治良摄）

【发生规律】在江西、贵州和西藏1年发生2代，在新疆和辽宁辽西地区1年发生2～3代。各地以第一代种群数量发生最多。辽西地区以蛹和老熟幼虫越冬。翌春4月第一次出现成虫高峰，4月中下旬越冬老熟幼虫化蛹，5月下旬至6月上旬是幼虫为害盛期。第二次蛾峰在6月中下旬，7月中下旬幼虫为害。第三次蛾峰在8月上中旬，9月下旬至10月上旬化蛹。成虫有很强的趋光性，对香甜等物质特别嗜好。卵多散产在杂草接近地面部位的茎叶上，或地面落叶和土缝中，土壤肥沃而湿润的地方较多。第一代成虫在北方地区主要产卵于小蓟、灰菜和小旋花等杂草上，在苜蓿上产卵也很多。每头雌蛾通常产卵千粒左右，多者达2 000粒，卵期5～7d。幼虫多数6龄，少数为7龄或8龄。

【防治方法】参考小地老虎防治方法。

08 | 东方蝼蛄

东方蝼蛄（*Gryllotalpa orientalis*）属直翅目（Orthoptera）蝼蛄科（Gryllotalpidae），在我国曾长期误用为非洲蝼蛄（*Gryllotalpa africana*），俗称小蝼蛄、拉拉蛄、地拉蛄、土狗子、地狗子等。主要分布于我国华北、华中、华东和东北地区。寄主植物十分广泛，为害对象有大田作物、蔬菜、果树、草坪草、中药材和烟草等，但以禾本科植物为主。

【为害状】以成虫和若虫在烟草苗床或烟田活动，将土面造成不规则的隧道，使烟苗根部与土壤分离，致使烟苗失水干枯，同时还可取食播下的种子和幼苗的地下根颈部，幼根和茎基部被取食后呈乱麻状。

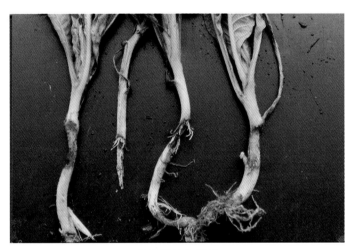

东方蝼蛄为害状

东方蝼蛄前足

东方蝼蛄后足

东方蝼蛄成虫

【形态特征】

成虫：体长30～35mm，灰褐色，全身密布细毛。头圆锥形，触角丝状。前胸背板卵圆形，中间具1暗红色长心脏形凹陷斑。腹部近纺锤形。前翅灰褐色，较短，仅达腹部中部。后翅扇形，较长，超过腹部末端。前足为开掘足，前足腿节下缘平直，后足胫节背面内侧有3～4个刺。腹末具1对长尾须。

卵：乳白色（初产）至土黄色，橄榄球形，孵化前见浅红色眼点。卵聚产于卵室内，卵室一般长2.5～3.0cm，宽1.5～2.0cm，高1.0～1.3cm。卵室深度为3～30cm，以5～15cm居多。每窝卵20～85粒，平均42粒。

若虫：龄期可达10龄，一至三龄无翅芽，四至五龄翅芽伸达腹部第一节，六至七龄翅芽伸达腹部第二至三节，八至十龄翅芽伸达腹部第四节。六至十龄若虫均可羽化为成虫，但以八至九龄若虫羽化为主。

【发生规律】东方蝼蛄在长江流域和淮河流域常2年发生1代，东北、西北和陕西南部约1年1代。在河南中南部地区，以五龄、六龄、七龄、八龄、九龄、十龄若虫和成虫在40～60cm深的土壤中越冬，4～10月羽化，羽化盛期在7～9月，羽化高峰期为8月。成虫在5～9月间产卵，6～7月为产卵盛期；雌虫一般产卵3～4次，每次30余粒，单雌产卵量约100粒。在黑龙江，越冬成虫活动盛期约在6月上中旬，越冬若虫羽化盛期约在8月中下旬。

初孵若虫具有群集性，孵化后3～6d群集在一起，以后分散为害；常昼伏夜出，具有强烈的趋光性，对香甜气味有明显趋性，特别嗜食煮至半熟的谷子、棉籽和炒香的豆饼、麦麸等。此外，对马粪、有机肥等未腐熟有机物有趋性。喜欢潮湿，多集中在沿河两岸、池塘和沟渠附近产卵。产卵前先在5～20cm深处做窝，窝中仅有1个长椭圆形卵室，雌虫在卵室周围约30cm处另做窝隐蔽，每雌产卵60～80粒。

【防治方法】（1）冬季深耕，破坏成虫和若虫的越冬环境，减少虫源基数。（2）施用充分腐熟的农家肥，避免成虫、若虫集中在烟田。（3）常年为害严重地区，在烟草移栽至团棵期采用频振灯诱杀或食物诱杀或声音诱杀，食物诱杀时可将豆饼或麦麸5kg炒香，再用90%敌百虫晶体150g兑水将毒饵拌湿，每667m²用毒饵1.5～2.5kg撒在烟田或苗床内；声音诱杀一般采用主频率1.40KHz和脉冲率77次/s的发声器诱捕。

09 │ 单刺蝼蛄

单刺蝼蛄（*Gryllotalpa unispina*）属直翅目（Orthoptera）蝼蛄科（Gryllotalpidae），

又称华北蝼蛄，俗名拉拉蛄、地拉蛄、土狗子。食性杂，为害多种大田农作物、蔬菜、果树和林木等。国内主要分布于长江以北地区，如江苏（苏北）、河南、河北、山东、山西、陕西、内蒙古、新疆以及辽宁和吉林的西部。

【为害状】同东方蝼蛄。

单刺蝼蛄为害状

蝼蛄挖掘的隧道

【形态特征】

成虫：体长36～55mm，体黄褐色或灰褐色，全身密布黄褐色细毛。头圆锥形，暗褐色，触角丝状。前胸背板盾形，中央具一个凹陷不明显的暗红色心脏形坑斑。前翅鳞片状，只覆盖腹部的1/3；后翅纵折成筒状，伸出腹部末端。前足为开掘足，前足腿节下缘呈S形弯曲，后足腿节背面内侧有刺1个或无。腹部近圆筒形，尾须细长。

单刺蝼蛄成虫

卵：椭圆形，长1.6～2.8mm，宽0.9～1.7mm。初产时为乳白色，孵化前变为深灰色。

若虫：共13龄，初孵时乳白色，二龄以后变为黄褐色，五至六龄后与成虫体色相同。

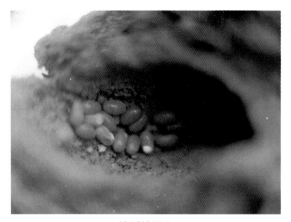

单刺蝼蛄卵

【发生规律】3年左右完成1代。以八龄以上的若虫和成虫在土壤内越冬,越冬土壤深度可达100～150cm。越冬成虫于6月上中旬开始产卵,7月初孵化。到秋季达八至九龄,深入土中越冬。翌年春越冬若虫恢复活动,继续为害,到秋季达十二至十三龄后又进入越冬。第三年春又活动为害,8月以后若虫羽化为成虫,为害一段时间后即以成虫越冬。至第四年5月,成虫开始交配准备产卵,每雌产卵300～400粒。

单刺蝼蛄若虫

单刺蝼蛄前足

成虫昼伏夜出,趋光性较强,21～23时为活动取食的高峰。喜潮湿环境,对煮至半熟的谷子、棉籽及炒香的豆饼、麦麸、未腐熟的马粪等趋性强。卵多产在潮湿的轻盐碱地内。初孵若虫有群集性,三龄以后才分散为害。

【防治方法】(1)农业防治:精耕细作,深耕多耙;施用充分腐熟的有机肥。(2)物理防治:设置黑光灯诱杀成虫;夏季在蝼蛄盛发地和产卵盛期,发现蝼蛄卵窝,深挖毁掉。(3)药剂防治:①毒饵诱杀:可用50%辛硫磷乳油0.5kg,加水5L,拌50kg饵料(麦麸、炒香的豆饼、米糠、谷子等),将药、水、饵料充分拌匀,每公顷施毒饵22.5～37.5kg;②堆马粪:于蝼蛄发生盛期,在田间堆新鲜马粪,粪内放少量杀虫剂，可消灭部分蝼蛄；③施毒土：用50%辛硫磷乳油，按药：水：土1：15：150的比例，每公顷施毒土225kg，于成虫盛发期顺垄撒施。

10 | 沟金针虫

沟金针虫（*Pleonomus canaliculatus*）属鞘翅目（Coleoptera）叩头甲科（Elateridae），是亚洲大陆特有种。国内分布于辽宁、内蒙古、甘肃、青海、河北、山西、山东、陕西、江苏、安徽、河南等地。主要发生于长江以北的平原旱地，有机质较缺乏而土质疏松的沙壤土地区。沟金针虫食性广，为害烟草、禾谷类、薯类、豆类、蔬菜、甜菜、胡麻和林木等幼苗。

【为害状】以幼虫为害烟草，多在烟苗移栽后至团棵前蛀食根颈髓部，使受害烟苗的叶片慢慢变黄而枯死。被害处不整齐，多呈现深浅不一的小孔洞。有时为害烟株的侧根和须根，影响根系发育，为害造成的伤口有利于土传病害病原的侵染。

【形态特征】

成虫：雌虫体长16～17mm，体宽4～5mm；雄虫体长14～18mm，体宽3.5mm。体栗褐色，密被细毛。雌虫触角11节，略呈锯齿状，长约为前胸的2倍；前胸发达，中央有微细纵沟；鞘翅长为前胸的4倍，其上纵沟不明显，后翅退化。雄虫体细长，触角12节，丝状，长达鞘翅末端；鞘翅长约为前胸的5倍，其上纵沟明显，有后翅。

卵：乳白色，长约0.7mm，宽约0.6mm，椭圆形。

幼虫：初孵时体乳白色，头及尾部略带黄色，

沟金针虫为害状

沟金针虫雌成虫 （蒋金炜摄）

沟金针虫雄成虫

沟金针虫幼虫

沟金针虫幼虫尾部

后渐变为黄色；老熟幼虫体长20～30mm，宽约4mm，金黄色，宽而扁平，背面中央有1条细纵沟；尾节两侧缘有3对锯齿状突起，尾端分叉，各叉内侧均有1小齿。

蛹：纺锤形，长15～20mm，宽3.5～4.5mm。前胸背板隆起，呈半圆形，尾端自中间裂开，有刺状突起。化蛹初期体淡绿色，后渐变为深色。

【发生规律】沟金针虫约3年完成1代，以成虫和各龄幼虫在土下20～55cm深处越冬。由于生活历期长，土壤环境复杂多变，田间幼虫发育不整齐，因而造成世代重叠严重。以旱作区域中有机质较缺乏的粉沙壤土和粉沙黏壤土发生较重，地温11～19℃时为害严重，地温过高和过低都潜入土壤深层越夏或越冬。雌虫不能飞翔，具假死性，雄虫活跃。通常春季雨水较多，土壤墒情好时，为害加重。

【防治方法】（1）堆草诱杀成虫，利用新鲜略萎蔫的杂草，在田间堆成10～15cm厚的小草堆，每667m² 20～50堆，喷50%辛硫磷乳油1 000倍液少许，进行毒杀。（2）防治苗床金针虫，可用50%辛硫磷乳油50g，兑细炉渣15～25kg，翻入土中。（3）防治大田金针虫，可用90%敌百虫晶体500～800倍液灌根，或用50%辛硫磷乳油75g加适量水均匀拌入30kg细土中，于移栽时施入烟窝内。（4）冬季深耕烟田，减少越冬虫量。

11 | 细胸金针虫

细胸金针虫（*Agriotes fuscicollis*）属鞘翅目（Coleoptera）叩头甲科（Elateridae），是我国一种重要的地下害虫，除为害烟草外，还为害麦类、玉米、高粱、红薯、棉花和豆类等作物的幼苗。广泛分布于我国北部多个省份的潮湿土壤地带，土质黏重、水分充足最适宜该虫生存。黄淮海流域、渭河流域、黄河河套和冀中低平原区均是常发区。随着灌溉面积的扩大，其分布范围不断扩大，为害程度日渐加重。

【为害状】多在烟苗移栽后至团棵前以幼虫蛀食近地面和土中的嫩茎，留有残缺不齐的孔洞，有时为害侧根和须根，使叶片变黄枯萎，甚至死苗。

【形态特征】

成虫：体长8～9mm，体宽2.5mm；体细长，暗褐色，略具光泽。触角红褐色，第二节球形。前胸背板略呈圆形，长大于宽，后缘角伸向后方。鞘翅长约为胸部的2倍，有9条纵列的点刻。足红褐色。

卵：乳白色，圆形，直径0.5～1.0mm。

幼虫：老熟幼虫体长约23mm，淡黄色，有光泽，较细长，圆筒形。尾节圆锥形，背面有4条褐色纵纹，前缘下方两侧各有1个褐色圆斑。

蛹：纺锤形，长8～9mm。化蛹初期体乳白色，后变黄色；羽化前复眼黑色，口器淡褐色，翅芽灰黑色。

【发生规律】细胸金针虫2～3年完成1代，以成虫和幼虫在土下30～40cm深处越冬。对土壤湿度要求较高，多发生在水浇地、低洼易涝地和保水性较好的黏重土壤中，春季比沟金针虫活动早，土温7～11℃适宜活动为害，超过17℃，停止为害，具假死性和弱趋光性。

【防治方法】参考沟金针虫防治方法。

细胸金针虫成虫

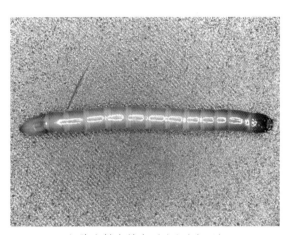

细胸金针虫幼虫（潘文亮提供）

12 | 褐纹金针虫

褐纹金针虫（*Melanotus caudex*）属鞘翅目（Coleoptera）叩头甲科（Elateridae），是我国一种重要的地下害虫，除为害烟草外，还为害小麦、玉米、高粱、红薯、棉花和大豆等作物的幼苗。在河北、河南、山西、陕西、甘肃、湖北、青海等省局部地区分布，在华北地区常与细胸金针虫混合发生。

【为害状】多在烟苗移栽后至团棵前以幼虫蛀食近地面和土中嫩茎，留有残缺不齐的孔洞，有时为害侧根和须根，使叶片变黄枯萎，甚至死苗。

【形态特征】

成虫：体长约9mm，宽约2.7mm。体细长，黑褐色，并生有灰色短毛。头部凸型黑色，触角暗褐色。前胸黑色，鞘翅长度为头胸长的2.5倍，有9条纵列刻点。腹部暗红色，足暗褐色。

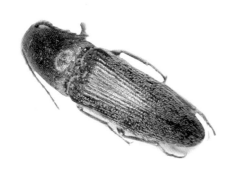

褐纹金针虫成虫

褐纹金针虫幼虫（蒋金炜摄）

卵：长约0.6mm，宽约0.4mm，椭圆形，乳白色。

幼虫：老熟幼虫体长约25mm，体细长，圆筒形，茶褐色，有光泽。头扁平。自第二胸节至第八腹节，各节前缘两侧均有新月形斑纹；尾节扁平而长，尖端有3个小突起，中间小齿较尖，呈红褐色；尾节前缘有2个半月形斑纹，靠前半部有4条纵沟，后半部有褐纹，并密布刻点。

蛹：体长9～12mm，前胸背板前缘两侧各有1根尖刺。尾节末端具1根粗大臀棘，其上生有两对刺突，一大一小。

【发生规律】据张范强等在陕西省咸阳地区研究，褐纹金针虫完成1代平均需1 163.2d，约3年1代。当年孵化的幼虫发育至三至四龄越冬，第二年以五至七龄越冬，第三年正常发育的幼虫于7～8月以六至七龄老熟化蛹，在土中20～30cm深处化蛹，蛹期14～28d，平均17d。成虫羽化后即在土中越冬，翌年5月上中旬开始出土活动，6月中旬终止。成虫昼伏夜出，有伪死性和趋光性。5月底至6月下旬产卵，盛期为6月上中旬，产卵于约10cm深土层中，散产，卵期16d。成虫寿命平均288.1d。幼虫在春、秋季为害严重，即4月上中旬大部分越冬幼虫上移至表土层活动，4月下旬至5月下旬是为害盛期；6～8月间下潜至20cm深的土层以下；秋季9月上中旬又上升至表土层活动为害，至10月下旬开始下移至40cm深的土层以下越冬。

【防治方法】参考沟金针虫防治方法。

13 | 网目拟地甲

为害烟草的拟地甲主要有网目拟地甲（*Opatrum subaratum*）和蒙古拟地甲（*Gonocephalum reticulatum*），属鞘翅目（Coleoptera）拟步甲科（Tenebrionidae）。网目拟地甲别名沙潜、类沙土甲等，分布于我国东北、华北、华东、西北及哈萨克斯坦、蒙古、俄罗斯远东地区等。两种常混合发生,是我国北方旱区农作物重要的苗期害虫。食性极杂,除为害烟草外、还可为害农作物、果树林木幼苗、花卉、蔬菜、杂草等百余种植物的嫩茎、叶芽、嫩根等。

【为害状】成虫、幼虫均在苗期为害。成虫取食烟苗的叶片和茎秆,被害叶片多呈缺刻或孔洞状,重则使烟苗光秆或折断;幼虫为害根颈,使烟苗生长不良,或造成枯萎,以致死亡。

网目拟地甲幼虫为害状

【形态特征】

成虫:体长6.5～9.0mm。体黑色略带锈红色,无光泽,鞘翅上常附有土粒。触角、口须和足锈红色,腹部暗褐色略有光泽。触角11节,向后伸达前胸背板中部,末4节棒状。前胸背板横阔,宽为长的1.9倍,两侧弧突,侧边宽平,前角钝圆,后角直角形。鞘翅基部与前胸背板等宽,行略隆,每个行间有5～8个瘤。后翅退化。前足胫节端外齿窄突,外缘无明显锯齿;后足末跗节显长于第一跗节。雄虫第一、二节腹板中央有1纵凹。

卵:椭圆形,乳白色,表面光滑,长1.2～1.5mm,宽0.7～0.9mm。

幼虫:老熟幼虫体长15～18.3mm,暗灰黄色,背板灰褐色。前足比中、后足粗大,

网目拟地甲成虫

网目拟地甲幼虫

中足和后足大小略等。腹部末节小，纺锤形，背板前部稍突起成1横沟，并有褐色钩形纹1对；末端中央有乳头状隆起的褐色部分；两侧缘及顶端各有4根刺毛，共计12根。

蛹：体长6.8～8.7mm，黄白色，羽化前深黄褐色。腹部末端有2个刺状尾突，尾突端间距约为长的2倍。

【发生规律】两种拟地甲发生规律大致相同，1年发生1代，以成虫在表土中或枯草、落叶下越冬。早春成虫即活动，4～5月是为害盛期。越冬成虫在活动期间开始交配，交配后1～2d即可产卵，卵散产于表土层。在适宜温度下，卵期随温度升高而缩短。幼虫孵化后即在表土层取食幼苗嫩茎和嫩根。网目拟地甲幼虫6龄或7龄，蒙古拟地甲幼虫6龄。6～7月幼虫老熟后，在土中做土室化蛹，蛹期10d左右。成虫羽化后，多趋于烟株和杂草根部越夏，秋季向外转移活动，为害秋播作物。成虫羽化后当年不交配，秋季田间作物收获后，成虫向杂草多的田埂、地边等处迁移，准备越冬。翌年春季气温升高后开始交配。网目拟地甲成虫只爬不飞，可孤雌生殖，具假死性，有些个体寿命长，可连续3年产卵。蒙古拟地甲成虫能飞翔，具趋光性，有些个体寿命长，可连续2年产卵。

【防治方法】（1）清除田间和地头的残株、杂草，减少虫源。（2）杨树枝诱捕成虫：用长60～70cm的杨树枝条4～5支1把，浇水后放在地上，每隔1m左右放1把，诱虫效果良好，尤以雨后或气温突降时，效果更佳。（3）成虫大发生时，用40%辛硫磷乳油或2.5%溴氰菊酯乳油2 000～3 000倍液浇灌根。

14 | 蒙古拟地甲

蒙古拟地甲（*Gonocephalum reticulatum*）别名蒙古沙潜、网目土甲，分布于我国东北、华北、西北东部及朝鲜半岛、蒙古和俄罗斯远东地区。

【为害状】同网目拟地甲。

【形态特征】

成虫：体长4.5～7.0mm。体锈褐色至黑褐色，前胸背板两侧浅棕红色。触角11节，向后长达前胸背板中部，末4节棒状。前胸背板宽为长的1.7倍；背面密布粗网状刻点和少量光滑斑点，其中有2个明显瘤突，大约位于前面1/3和外端1/3的交叉处。鞘翅两侧平行，刻点行细而显著，行间有2排不规则的黄毛列，前足胫节外缘锯齿状，末端略突出。鞘翅点刻不如网目拟地甲明显，体和鞘翅均较网目拟地甲窄细。

卵：椭圆形，长0.9～1.25mm，宽0.5～0.8mm，乳白色，表面光滑。

蒙古拟地甲成虫

幼虫：初孵幼虫乳白色，后渐变为灰黄色。老熟幼虫体长12～15mm。前足较中、后足长而粗大。腹部末节长与基部宽相等，端部钝并向上弯曲，侧后缘生12或13根刺，排列规则，背面基部密生短毛，中部几根较长。与网目拟地甲不同之处在于腹部末节背板中央有下陷纵向暗沟1条，边缘每侧各有4条褐色刚毛。

蛹：体长5.5～7.4mm，乳白色，有时略带灰白色。羽化前，足、前胸和尾部浅褐色。腹节背板侧突外缘的2个毛瘤等大，靠前。腹部末端具1对较大的尾突，尾突端部向外伸。

蒙古拟地甲成虫触角及前足形态

【发生规律】参考网目拟地甲。

【防治方法】参考网目拟地甲。

15 | 台湾玛绢金龟

台湾玛绢金龟（*Maladera formosae*）属鞘翅目（Coleoptera）绢金龟科（Sericidae），别名玛绢金龟、金龟子、黄金龟子、铁豆虫、栗子虫，寄主植物为烟草、红薯、马铃薯、玉米、小麦、苹果、山楂、海棠、梨、杏、桃、李、梅、柿、核桃、醋栗、草莓、菊花和月季等。分布于云南、贵州、四川等地。以烟草、红薯、果树苗圃受害最重，云南部分烟区受害严重。

【为害状】成虫为害烟草叶片，造成缺刻、破损；幼虫为害烟草根部，影响烟株生长

台湾玛绢金龟成虫为害状

台湾玛绢金龟成虫

发育。受害严重的烟田，每株烟草成虫虫口可达数十头，幼虫可达4～20头/m²。

【形态特征】

成虫：体长6.5～12mm，体宽6～8mm。短卵形圆，背部隆起，体赤褐色，天鹅绒状，有古铜绿色闪光。头小，光滑，覆稀浅刻点和长刺毛。唇基宽，前缘窄，中部稍凹陷，边缘向上卷曲，中央有1纵隆线，覆细刻点和短毛。复眼大，不突出，黑色。触角鳃片状，10节，鳃片第三节较鞭节长。前胸背板侧缘较直，前缘两侧呈角状，后缘中央稍突出，两侧近直角形。布稀黄色长刺毛。小盾片心形，两侧有刻点。鞘翅短，卵圆形，稍隆起，翅上具由刻点列组成的纵隆线，列间稍隆起，末端近截状，具稀刻点，侧缘具黄色长刺毛。后缘呈革质，臀板三角形，侧缘内弯，末端稍圆。足短粗，前足胫节短宽，具2齿，爪分裂，后足胫节宽扁，具2个刺毛簇。第一至六腹节后缘均具成排的黄色刺毛。

卵：乳白色，透明状，椭圆形，卵粒长1.1～1.2mm，宽0.9～1.0mm。

幼虫：蛴螬型，老熟幼虫体长13～20mm，头宽4～9mm，体乳白色，头黄褐色，近圆形，光滑，头顶部稍平，毛稀。额平滑，无毛，颊下部各具3根毛。唇基圆形，向前突出。胸、腹部末节宽，腹中部较细。胸部各节均有细毛。第一至六腹节具粗短毛，末节光滑，具稀长毛。气门呈半圆形，位于胸部和腹部。前、中、后足均覆细密短毛。

蛹：长约10mm，宽4～6mm，椭圆形，裸蛹，金黄色。雄蛹末节腹面中央具4个乳头状突起，雌蛹平滑。

【发生规律】1年发生1代，以三龄幼虫越冬。翌年4～5月间开始活动为害，5月下旬至6月进入为害盛期，一直可持续到8月上旬。6月中旬化蛹，预蛹期12～15d，蛹期

7～11d。8月成虫产卵后逐渐死亡，9月以后几乎看不到成虫。幼虫孵化发育至三龄幼虫后即入土层内越冬。多栖息在土里和红薯地、马铃薯地、杂草中或石头下。成虫昼伏夜出。

【防治方法】（1）农业防治：加强田间管理，中耕，清除田边、埂边杂草。深耕细耙，破坏幼虫和蛹的越冬场所使其暴露死亡。（2）物理防治：利用成虫趋光性和趋湿性等特点，在成虫发生季节用杀虫灯诱杀成虫。也可在烟田安装盛有石灰水的水盆诱杀成虫。（3）药剂防治：用50%辛硫磷乳油拌细土进行土壤处理，辛硫磷与土的比例为1：10，每667m²施用毒土30～40kg，整地时将毒土翻入土壤内，可毒杀大量潜伏在土中的成虫。另外，在红薯和马铃薯地及杂草上喷施杀虫剂可减少迁入烟田的虫源。

16 | 东方绢金龟

东方绢金龟（*Maladera orientalis*）属鞘翅目（Coleoptera）绢金龟科（Sericidae），原称黑绒鳃金龟，又称天鹅绒金龟子、东方金龟子，分布广泛，主要分布于我国东北、内蒙古、甘肃、河北、山西、山东、河南、安徽、湖北、江西和台湾等地。食性复杂，寄主植物多达149种，可为害果树、蔬菜、禾谷类植物以及多种药材、杂草等，喜食杨、柳、榆、刺槐、苹果、梨、桑、甜菜等植物的叶片。部分靠近林木的烟田，有时该害虫发生较重。在山东部分烟区，主要在移栽后以成虫为害田间烟苗。

东方绢金龟成虫为害状

【为害状】主要以成虫取食叶片，食量大，暴食幼苗叶片及幼芽，造成缺刻或孔洞，严重时常将叶、芽食光。幼虫以腐殖质及少量嫩根为食，对农作物及苗木根系造成伤害。

【形态特征】

成虫：体长7～10mm，卵圆形，前狭后宽；黑褐色，具丝绒般光泽。触角10节，赤褐色。鞘翅具9条刻点沟，刻点细小而密，外缘具稀疏刺毛。

卵：椭圆形，长1.1～1.2mm，乳白色，光滑。

幼虫：乳白色，体长14～16mm，头宽约2.5mm。头部前顶毛每侧1根，

东方绢金龟成虫

额中毛每侧1根。腹毛区中间的裸露区呈楔形，腹毛区的后缘有20～26根锥状刺组成弧形横带，横带中央有明显中断。

蛹：长约8mm，初黄褐色，后变黑褐色，复眼朱红色。

【发生规律】北方地区1年发生1代，以成虫在土中20～30cm深处越冬。4月中旬气温达10℃以上时，成虫开始出土活动，5月中旬是成虫为害、交配盛期，6月上旬为产卵盛期。幼虫6月中旬开始孵化，8月中旬为化蛹盛期，9月中旬为羽化盛期，成虫羽化后直接在土中越冬。土壤含水量过高或过低对东方绢金龟存活不利，因此不同地势、地形的田块该虫的发生量不同，土壤松散、沙粒较多、黏粒较少、有机质含量较少的沙壤土环境适宜该虫发生。成虫具有趋光性和假死性，成虫白天潜伏，黄昏后开始出土活动、为害。

【防治方法】（1）冬春耕翻土地，铲除杂草，施用充分腐熟的农家肥。（2）设置杀虫灯诱杀成虫。（3）药剂防治：成虫出土盛期可采用2.5%高效氟氯氰菊酯乳油2 000倍液等药剂喷雾防治。防治幼虫可结合地老虎、金针虫等地下害虫的防治，采用杀虫剂拌土或撒施颗粒剂。

17 | 大黑鳃金龟

大黑鳃金龟（*Holotrichia oblita*）属鞘翅目（Coleoptera）鳃金龟科（Melolonthidae）。在我国分布于黑龙江、内蒙古、新疆、江苏、安徽、湖北、四川、甘肃、四川等地。寄主包括苹果、梨、桃、李、杏、梅、樱桃、核桃以及烟草、蔬菜、粮食作物等。

【为害状】以成虫取食叶片，造成缺刻或孔洞，严重时常将叶、芽食光。幼虫可为害根系、地下部嫩茎，造成的伤口较为整齐。

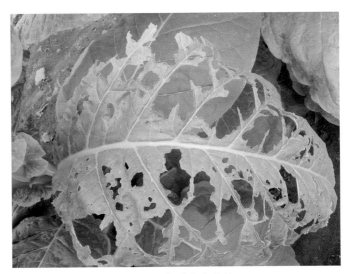

大黑鳃金龟成虫为害状

【形态特征】

成虫：体长17～21mm，体宽8.4～11mm，长椭圆形，体黑色至黑褐色，具光泽，触角鳃叶状，鳃叶3节。前胸背板宽，约为长的2倍，两鞘翅表面均有4条纵肋，密布刻点。前足胫外侧具3齿，内侧有1棘与第二齿相对，各足均具爪1对，爪中部下方有垂直分裂的爪齿。腹部臀节背板向腹面包卷，末端光滑。

卵：椭圆形，长约3mm，初为乳白色，后变黄白色。

幼虫：老熟幼虫体长35～45mm，头部黄褐色至红褐色，具光泽；体乳白色，疏生刚毛。头部前顶毛每侧3根，2根位于冠缝旁，1根位于额缝旁。肛门3裂，肛腹片后部无尖刺列，只具钩状刚毛群，多为70～80根，分布不均。

大黑鳃金龟成虫

大黑鳃金龟幼虫

蛹：体长20～24mm，初为乳白色，后变黄褐色至红褐色。

【发生规律】华南地区1年发生1代，以成虫在土壤中越冬。其他地区一般2年完成1代，存在局部世代现象。在2年1代区，越冬成虫在春季10cm深处土温达到14℃开始出土活动，5月中旬为成虫盛发期，6月上旬至7月上旬是产卵盛期，6月下旬至8月中旬为幼虫孵化盛期，幼虫除极少部分当年化蛹和羽化为成虫外，大部分在秋季土温低于10℃时潜入55～150cm深的土中越冬。翌年春季当10cm深处土温达到14℃时越冬幼虫开始出土为害，6月初开始化蛹，6月下旬进入化蛹盛期，7月下旬至8月中旬为成虫羽化盛期，羽化的成虫不出土，即在土中越冬。

成虫有假死性和微弱的趋光性，对未腐熟的厩肥有强烈趋性。昼伏夜出，晚上20～

21时为取食、交配活动盛期，午夜后回土栖息。成虫喜食大豆、榆树、甜菜和花生等的叶片。卵散产，每雌可产百粒左右。幼虫3龄，其中以三龄幼虫历期最长、食量最大、为害最重。

【防治方法】（1）深秋或初冬翻耕土壤。（2）避免施用未腐熟的厩肥。（3）药剂防治：对发生严重的田块可在移栽烟苗前进行土壤处理或烟苗受害后采用辛硫磷等药剂灌根处理。成虫发生较重时可采用2.5%高效氟氯氰菊酯乳油2 000倍液喷雾防治。

18 暗黑鳃金龟

暗黑鳃金龟（*Holotrichia parallela*）属鞘翅目（Coleoptera）鳃金龟科（Melolonthidae）。在我国分布于黑龙江、吉林、辽宁、甘肃、青海、河北、山西、陕西、山东、河南、江苏、安徽、浙江、湖北、湖南和四川等20多个省份；国外分布于朝鲜、日本和俄罗斯远东地区。除为害烟草外，还可为害粮食作物、蔬菜、林木幼苗等。

【为害状】以成虫取食叶片，造成缺刻或孔洞，严重时常将叶、芽食光。幼虫可为害根系、地下部嫩茎，造成的伤口较为整齐。

【形态特征】

成虫：体长17～22mm，体宽9.0～11.5mm。暗黑色或黑褐色，无光泽。前胸背板前缘具有成列的褐色长毛。鞘翅两侧缘几乎平行，每侧4条纵肋不明显。前足胫节外齿3个，较钝，中齿明显靠近顶齿。腹部臀节背板不向腹面包卷，与肛腹板相会合于腹末，形成一棱边。

暗黑鳃金龟成虫

卵：初产长椭圆形，后期呈近圆球形，长约2.7mm，宽约2.2mm。

幼虫：三龄幼虫体长35～45mm，头部前顶毛每侧1根，位于冠缝旁。肛门孔呈三射裂缝状。肛腹板后部覆毛区无刺毛列，只有钩状毛散乱排列，有70～80根。

蛹：体长20～25mm，臀节三角形，两尾角呈钝角岔开。

【发生规律】1年发生1代，多以三龄老熟幼虫在15～40cm深处筑土室越冬。在山东，4月下旬至5月初越冬幼虫开始化蛹，5月中下旬为化蛹盛期。6月上旬开始羽化，盛期在6月中旬，7月中旬至8月中旬为成虫交配产卵盛期。7月初田间始见卵，7月中旬为卵盛期。8月中下旬是幼虫为害盛期。9月末幼虫陆续下潜至土壤深层，进入越冬状态。

暗黑鳃金龟幼虫

成虫昼伏夜出，趋光性强，飞翔速度快，有群集性，20～22时为交配高峰，之后飞到高大的乔木上取食叶片，黎明前飞向附近花生、大豆和甘薯田里潜伏、产卵。成虫具有隔日出土习性，一天多一天少。

【防治方法】（1）深秋或初冬翻耕土壤。（2）避免施用未腐熟的厩肥。（3）灯光诱杀：用黑绿单管双光灯（一半绿光，一半黑光）诱杀效果更好。（4）药剂防治：对发生严重的田块可在移栽烟苗前进行土壤处理或烟苗受害后采用辛硫磷等药剂灌根处理。

19 | 铜绿异丽金龟

铜绿异丽金龟（*Anomala corpulenta*）属鞘翅目（Coleoptera）丽金龟科（Rutelidae），别名铜绿金龟子、青金龟子、淡绿金龟子，寄主植物为烟草、苹果、山楂、海棠、梨、杏、桃、李、梅、柿、核桃、醋栗、草莓、菊花和月季等。分布于我国黑龙江、吉林、辽宁、内蒙古、宁夏、甘肃、河北、河南、山西、山东、陕西、江苏、江西、安徽、浙江、湖北、湖南、云南和四川等地。除为害烟草外，还可为害多种农林作物，其中苹果属果树受害较重。

【为害状】成虫取食叶片，常造成叶片残缺不全，甚至把整个叶片或整株植物叶片都吃光，幼虫可为害地下根系、嫩茎等。

铜绿异丽金龟成虫为害状

铜绿异丽金龟成虫

【形态特征】

成虫：体长15～22mm，体宽8.3～12.0mm。长卵圆形，背腹扁圆，体背铜绿色，具金属光泽，头、前胸背板、小盾片色较深，鞘翅色浅。头、前胸、鞘翅密布刻点。小盾片半圆形，鞘翅背面具2条纵隆线，缝肋明显。唇基短阔，梯形，前缘上卷。触角鳃叶状，9节，黄褐色。唇基前缘、前胸背板两侧呈浅褐色条斑。前胸背板发达，前缘弧形内弯，侧缘弧形外弯，前角尖锐，后角钝。臀板三角形，黄褐色，常具1～3个形状多变的铜绿或古铜色斑纹。腹面乳白、乳黄或黄褐色。前足胫节外缘具2齿，内侧具内缘距。胸下密被茸毛，腹部每腹板具毛1排。前、中足爪一个分叉，一个不分叉，后足爪不分叉。

卵：初产椭圆形，后近圆球形，乳白色，卵壳表面光滑。

铜绿异丽金龟幼虫

幼虫：老熟幼虫体长约32mm，头宽约5mm，体乳白，头黄褐色近圆形，前顶刚毛每侧各为8根，呈一纵列；后顶刚毛每侧4根，斜列。肛腹片后部覆毛区的刺毛列每侧各由13～19根长针状刺组成，刺毛列的刺尖常相遇，刺毛列前端不伸达覆毛区的前部边缘。

蛹：长约20mm，宽约10mm，椭圆形，裸蛹，土黄色。雄蛹末节腹面中央具4个乳头状突起，雌蛹平滑。

【发生规律】1年发生1代，以三龄幼虫越冬。于翌年4～5月开始活动为害，5月下旬至6月中旬化蛹，预蛹期12d左右，蛹期为7～9d。6～7月为发生盛期，8月成虫产卵以后逐渐死亡，9月以后几乎看不到成虫。幼虫孵化发育至三龄幼虫后即迁至40～60cm深的土层内越冬。成虫有趋光性和假死性，昼伏夜出，产卵于土中。

【防治方法】参考大黑鳃金龟防治方法。

20 | 中华弧丽金龟

中华弧丽金龟（*Popillia quadriguttata*）属鞘翅目（Coleoptera）丽金龟科（Rutelidae），别名四纹丽金龟、四斑丽金龟，分布于我国辽宁、内蒙古、宁夏、甘肃、青海、陕西、山西、北京、河北、山东、江苏、浙江、福建、台湾、湖南、广西、四川等地。寄主有烟草、苹果、荔枝、龙眼、桃、樱桃、山楂、李、杏、柿、葡萄、黑莓和棉花等。

【为害状】成虫取食叶片造成不规则缺刻或孔洞，严重的仅残留叶脉，有时取食花或果实；幼虫为害地下根系或嫩茎。

【形态特征】

成虫：体长7.5～12mm，体宽4.5～6.5mm，椭圆形，体色多为深铜绿色；鞘翅浅褐至草黄色，四周深褐至墨绿色，足黑褐色；臀板基部具白色毛斑2个，腹部一至五节腹板两侧各具白色毛斑1个，由密细毛组成。触角9节，鳃叶状，鳃叶部由3节构成。前胸背板具强闪光且明显隆凸，中间有光滑的窄纵凹线。小盾片三角形，前方呈弧状凹陷。鞘翅宽短，略扁平，后方窄缩，肩凸发达，

中华弧丽金龟成虫

背面具近平行的刻点纵沟6条，沟间有5条纵肋。足短粗，前足胫节外缘具2齿，端齿大而钝，内方距位于第二齿基部对面的下方；爪1对，不对称，前足和中足内爪大，且端部分叉，后足则外爪大，不分叉。

卵：椭圆形至球形，长径1.46mm，短径0.95mm，初产时乳白色。

幼虫：体长15mm，头宽约3mm，头赤褐色，体乳白色。头部前顶刚毛每侧5～6根，呈1纵列；后顶刚毛每侧6根，其中5根呈1斜列。肛背片后部具心脏形臀板；肛腹片后部覆毛区中间刺毛列呈"八"字形岔开，每侧由5～8根，多为6～7根锥状刺毛组成。

蛹：体长9～13mm，体宽5～6mm，唇基长方形，雌、雄成虫触角靴状。

【发生规律】1年发生1代，多以三龄幼虫在30～80cm深的土层内越冬。翌春4月上移至表土层为害，6月老熟幼虫开始化蛹，蛹期8～20d，成虫于6月中下旬至8月下旬羽化，7月是为害盛期。成虫于6月底开始产卵，7月中旬至8月上旬为产卵盛期，卵期8～18d。幼虫为害至秋末，至三龄时，钻入土壤深层越冬。成虫具假死性，无趋光性。卵散产，单雌产卵20～65粒，分多次产下。成虫寿命18～30d，多为25d。初孵幼虫以腐殖质或幼根为食，稍大为害地下植物组织。老熟幼虫多在3～5cm深的土层中做椭圆形土室化蛹。成虫羽化后稍加停留就出土活动，气温20℃以上进入羽化出土盛期。

【防治方法】参考大黑鳃金龟防治方法。

21 | 豆蓝丽金龟

豆蓝丽金龟（*Popillia indigonacea*）属鞘翅目（Coleoptera）丽金龟科（Rutelidae），为害烟草及多种农作物，也可为害月季、菊花、唐菖蒲、向日葵和紫薇等多种花卉。该

虫在山东、河南及其他烟区均有不同程度发生。

【为害状】成虫取食叶片，呈缺刻或孔洞，喜欢群集在花蕾、花冠和花蕊中为害，造成花朵残缺、脱落；幼虫咬食寄主植物的根颈部，严重时将寄主植物的根颈部咬断，造成死苗。

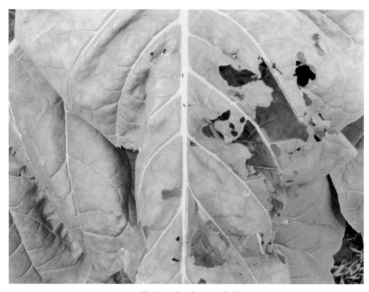

豆蓝丽金龟成虫为害状

【形态特征】

成虫：体长9～14mm，略呈纺锤形，全体墨绿色或深蓝色，有强烈金属光泽。臀板无毛斑，触角9节，鳃叶状部由3节组成。前胸背板较短宽，前、侧方刻点较粗密，中、后部刻点十分疏细。小盾片大，短阔三角形，基部有少量刻点，末端钝圆。鞘翅短而阔，后方明显收狭，末端圆形，小盾片后侧有1对深陷横凹，背面有6条浅缓刻点沟。

幼虫：头黄褐色，体多皱褶，肛门孔呈横裂缝状。肛腹片后有钩状刚毛组，中间具

豆蓝丽金龟成虫取食叶片

豆蓝丽金龟成虫取食花

刺毛列，每列5～7根，两侧刺毛尖彼此相遇。

【发生规律】该虫1年发生1代，以二至三龄幼虫在土壤中越冬，成虫具有假死性；翌年3月初越冬幼虫转移至近地面的土层内活动为害，4月底前后开始在土中化蛹，蛹期约2周，5月成虫羽化，6～7月为羽化盛期。雌成虫于7月中旬至8月中旬开始在土内产卵，卵多产于距地面5cm以下的土层内，成虫寿命约1个月，最长可达60d。夜晚栖息于植物的花穗或叶上，白天活动，每天以9～11时和16～19时活动最盛。10月随着气温下降，幼虫向土壤深层移动并越冬。

【防治方法】参考大黑鳃金龟防治方法。

第二章 刺吸类害虫

CHAPTER2

刺吸性害虫指以刺吸式口器或锉吸式口器为害寄主植物的害虫,其为害方式分为直接为害和间接为害两种。直接为害方式是以成虫或若虫刺吸植株叶、嫩茎、蕾、花和根系等器官,导致被害处失绿或被害叶片及植株萎蔫等;部分刺吸性害虫种类还以间接方式进行为害,如分泌蜜露诱发煤污病、传播植物病毒等。

烟田刺吸性害虫的类群主要包括蚜虫、粉虱、蓟马和螨类等,常见种类有烟蚜、烟粉虱、温室白粉虱、斑须蝽、稻绿蝽、烟盲蝽、烟蓟马、西花蓟马等,部分烟区有少量根粉蚧或草履蚧发生。烟田刺吸性害虫以烟蚜发生最广,为害最重,并可传播黄瓜花叶病毒(CMV)、马铃薯 Y 病毒(PVY)等多种植物病毒,其间接为害造成的损失往往大于直接刺吸为害。斑须蝽和稻绿蝽也是烟田常见的两种刺吸性害虫,但总体为害较轻。蓟马类害虫近年来在云南部分烟区发生较多,并可传播番茄斑萎病毒,应引起重视。20世纪90年代以后,烟粉虱在山东、河南等烟区发生较重,并可传播烟草曲叶病毒。烟盲蝽分布虽广,但一般为害较轻,此虫既为害烟株,又可捕食烟蚜和斜纹夜蛾的低龄幼虫,具害、益两个方面的表现。

01 | 烟 蚜

烟蚜(*Myzus persicae*)属半翅目(Hemiptera)蚜科(Aphididae),又名桃蚜。烟蚜是世界上分布非常广泛的蚜虫之一,亚洲、北美洲、欧洲和非洲均有分布,中国各省份均有分布。烟蚜除为害烟草外,还为害马铃薯、辣椒、白菜、油菜和桃树等400余种植物,是典型的多食性害虫。

【为害状】以成蚜、若蚜刺吸为害烟草嫩叶、嫩茎、花蕾和花,吸食寄主汁液,受害烟株生长缓慢,叶片变薄,皱缩,同时分泌蜜露诱发煤污病,造成烟叶品质下降;还可传播黄瓜花叶病毒(CMV)、马铃薯 Y 病毒(PVY)和烟草蚀纹病毒(TEV)等多种病毒。

【形态特征】

无翅孤雌蚜:体长约2.2mm,体宽约1.1mm。体色多变,有黄绿色、绿色、红褐色等。体表粗糙,有粒状结构,但背中部光滑。额瘤显著,内缘向内倾斜。触角黑色,6节,长约2.1 mm;第三节长约0.5mm,第三节有毛16～22根;第五节端部、第六节基部各有

烟蚜为害烟草嫩叶和花

烟蚜排泄蜜露诱发煤污病

1圆形感觉圈。喙部颜色较深，长度可达中足基节。腹管长筒形，向端部渐细，其上有瓦状纹，端部黑色并有缘突。尾片黑褐色，圆锥形，近端部2/3处收缩，有曲毛6或7根。

有翅孤雌蚜：体长约2.2mm。头、胸部黑色，腹部淡绿色或绿色。额瘤显著，内缘向内倾。触角6节，黑色，为体长的0.78～0.95倍，第三节有9～11个圆形感觉圈，沿外缘排成一行。腹部第一至八节背面各具宽窄不一的横带，其中第三至六节各横带相融合呈近似方形的黑色大斑。腹管圆筒形，向端部渐细，有瓦状纹，端部有缘突。尾片圆锥形，有曲毛6根。

有翅雄蚜：体长约1.5mm。体型较小，腹背黑斑较大。触角第三至五节感觉圈数量较多。足跗节黑色，后足胫节较宽大。腹管端部略收缢。

无翅有性雌蚜：体长1.5～2.0mm。赤褐色、灰褐色、暗绿色或橘红色。触角6节，较短，末端色暗，第五节和第六节各有1个感觉圈。腹部背面黑斑较小。后足胫节较宽大。腹管圆筒形，稍弯曲。

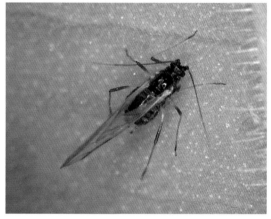

烟蚜有翅蚜

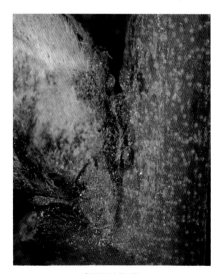

烟蚜越冬卵

卵：长椭圆形，长径约0.44mm，短径约0.33mm。初产时黄绿色至绿色，后变黑色，有光泽。

干母：体色多为红色、粉红色或绿色。触角5节，为体长的一半。无翅。

若蚜：一般4龄，体长0.8～2.0mm，体宽0.4～1.0mm，触角长0.6～1.5mm，体色淡黄绿色、淡黄色或红褐色。一般一龄若蚜头、胸部和腹部几乎等宽；二龄若蚜头、胸部不等宽，腹部较膨大；三龄若蚜腹部明显大于头、胸部；四龄若虫胸部大于头部，腹部大于胸部。

【发生规律】烟蚜年发生的世代数因地区而异。在我国自北向南逐渐增多。黄淮烟区每年发生24～30代，西南烟区30～40代，南方烟区及北方温室、

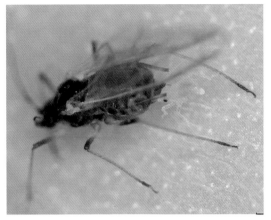

烟蚜有翅蚜及初生若蚜

烟蚜无翅成蚜及初生若蚜

烟蚜腹管

烟蚜头部特征

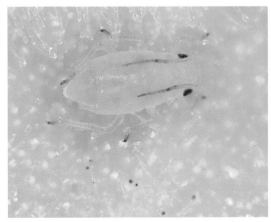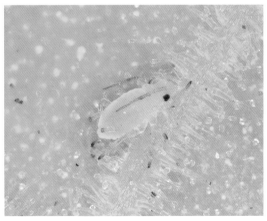

烟蚜若蚜

保护地内可终年繁殖。

　　烟蚜生活史具全周期和不全周期两种类型。全周期型：一般一年内有孤雌生殖及两性生殖世代交替，以卵在桃、李等树木上越冬，卵多产在桃树嫩芽眼处或树干裂缝中。在山东烟区，桃树上的卵最早于2月下旬开始孵化，出现干母，以孤雌生殖方式繁殖多代，4月下旬至5月上旬开始向烟草等寄主上迁飞。不全周期型：全年孤雌生殖，不发生性蚜世代，生活在菠菜、油菜、白菜等寄主上的一部分无翅孤雌蚜，继续在越冬蔬菜及杂草上越冬，其中部分寄主，也是蚜传病毒病的寄主。翌年春天，在这些寄主上产生的有翅孤雌胎生蚜，飞向苗床、烟田，即成为烟草最早的传毒介体。在自然条件下，北方烟区烟蚜生活周期多为全周期型，南方烟区则为不全周期型，有的地区两种生活周期型均有。

不同体色无翅烟蚜

烟蚜交尾

　　烟蚜具有不同体色生物型，烟田中可见到黄绿色、绿色、红褐色等不同体色烟蚜种群。有翅烟蚜具有迁飞和扩散的习性，对黄色有正趋性，对银灰色具有明显的负趋性。烟蚜具趋嫩性，有翅或无翅个体大多在烟株上部嫩叶背面取食，烟草现蕾、开花后，大多转移到花蕾上取食。烟蚜活动的适宜温度为12.5～26℃，相对湿度为80%左右。高温高湿或降水量较大时可抑制烟蚜种群增长。

　　【防治方法】（1）防治烟田周围桃树、油菜和保护地蔬菜的烟蚜，以减少迁入烟田的蚜虫种群数量。（2）育苗棚门、窗和通风口用不低于40目*的纱网阻隔蚜虫进入苗床。（3）大田生长期，选用

　　* 目为非法定计量单位，40目对应的孔径约为0.44mm。——编者注

70%吡虫啉水分散粒剂 12 000 倍液或 3%啶虫脒微乳剂 2 000 倍液等内吸性杀虫剂进行防治。
（4）有条件的烟区可繁殖烟蚜茧蜂、瓢虫和草蛉等天敌，于烟田释放。

02 │ 烟 粉 虱

　　烟粉虱（*Bemisia tabaci*）属半翅目（Hemiptera）粉虱科（Aleyrodidae），又名银叶粉虱、甘薯粉虱、棉粉虱。烟粉虱是一个包含 30 多个隐种的物种复合体，我国境内已报道包括 13 个本地种和 2 个全球入侵种在内的 15 个烟粉虱隐种。两个入侵种为中东—小亚细亚 1 隐种（Middle East-Asia Minor 1 隐种）（原称为 B 型）和地中海隐种（Mediterranean 隐种），在烟草上均可为害。烟粉虱广泛分布于除南极洲外各大洲的 100 多个国家和地区，是热带、亚热带和相邻温带地区棉花、蔬菜和园林花卉等植物的主要害虫之一，并可传播烟草曲叶病毒、番茄黄化曲叶病毒等多种双生病毒。20 世纪 90 年代起，该害虫在我国为害严重。烟粉虱在我国各大烟区均有分布，河南、山东等烟区部分烟田受害较重。烟粉虱寄主植物多达 600 余种，受害较重的寄主植物包括烟草、棉花、番茄、茄子、西葫芦和黄瓜等。

　　【为害状】以成虫和若虫在烟株叶片和嫩茎上刺吸汁液，造成植株生长发育受阻，受害叶片呈明脉、黄化和褪绿斑驳等症状；烟粉虱分泌蜜露，污染叶片，诱发煤污病，影响光合作用。成虫可传播烟草曲叶病毒。

烟粉虱为害造成叶片斑驳（左）和明脉（右）

烟粉虱为害造成下部叶片黄化

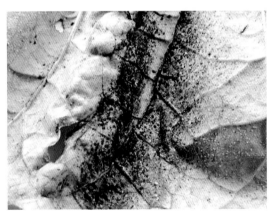

烟粉虱排泄蜜露造成煤污病

烟粉虱成虫产卵

【形态特征】

成虫：雌虫体长约0.91mm，雄虫稍小，体长约0.85mm。体黄色，翅白色，无斑点，体及翅覆有白色粉状物。触角7节。前翅翅脉不分叉，左右翅合拢时呈屋脊状，两翅间有一定缝隙，可看到淡黄色腹部。跗节2节，约等长，端部具2爪，并有爪间鬃。雌虫尾端尖形，雄虫呈钳状。

卵：长约0.2mm，长椭圆形，有光泽，基部以短柄黏附于叶片背面，柄与

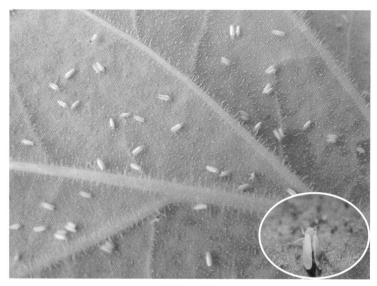

烟粉虱成虫

叶面垂直。卵初产时淡黄绿色，孵化前颜色加深，变为深褐色。

　　若虫（一至三龄）：初孵若虫椭圆形，扁平，灰白色，稍透明。二龄以后触角与足等附肢消失，仅有口器，固定在叶片背面取食，体色灰黄色。

　　伪蛹：为四龄若虫末期。体长0.6～0.9mm。椭圆形，后方稍收缩，淡黄色，稍透明，背面显著隆起，并可见红褐色复眼。蛹壳卵圆形，黄色，中胸部分最宽，有2根尾刚毛，背面有1～7对粗壮的刚毛或无毛。蛹壳边缘扁薄或自然下陷，无周缘蜡丝。胸气门和尾气门外常有蜡缘饰，在胸气门处左右对称。管状孔三角形，长大于宽，孔后端有小瘤状突起，孔内缘具不规则齿，盖瓣半圆形，可覆盖孔约1/2，舌状器呈长匙形，伸出盖瓣之外。

　　【发生规律】烟粉虱的发生代数，因各地气候条件不同而有差异，在热带和亚热带等气候适宜的地区每年发生10代以上，在温带地区露地每年可发生4～6代。在我国北方露地不能越冬，保护地可常年发生，

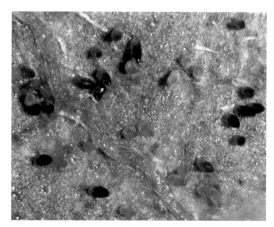

烟粉虱卵

烟粉虱若虫

烟粉虱伪蛹

烟粉虱不同虫态

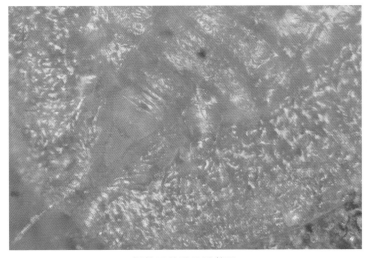

烟粉虱盖瓣及舌状器

田间世代重叠极为严重。在自然条件下一般以卵或成虫在杂草上越冬，有的以四龄若虫越冬。在山东烟区，烟粉虱一般于5月上旬由保护地迁入烟田，温湿度适宜时，7~8月田间种群数量较大，对烟草造成严重危害。

成虫多在温暖无风的天气活动，有趋嫩和趋黄绿色、黄色的习性，还有强烈的集聚性。雌、雄成虫常常成对停落于叶片背面。卵散产或排列成环状，多产于植株中上部叶片背面，卵柄插入叶片组织中。一龄若虫多在孵化处取食。高温干旱适于烟粉虱的发生和繁殖，暴风雨可抑制其发生。间作甘薯或大豆的烟田，烟粉虱发生量均明显高于纯作烟田。不同烟草品种对烟粉虱抗性差异较为显著。

烟粉虱在不同的寄主植物上发育时间各不相同，在25℃条件下，从卵发育到成虫需要18~30d。成虫寿命为10~22d。每头雌虫可产卵30~300粒，在适合的植物上平均产卵200粒以上。

【防治方法】（1）烟草育苗棚和烟草大田要远离蔬菜大棚，特别是辣椒、番茄大棚，烟草育苗棚通风口应全程设置40目防虫网。烟田周围避免种植烟粉虱越冬寄主。烟粉虱发生严重的烟区应避免与甘薯间作。（2）在我国北方烟区，烟粉虱多从保护地迁入烟田为害，因此可通过高温闷杀法防治棚内烟粉虱。（3）黄板诱杀成虫：每公顷设置黄板450块左右，于田间烟粉虱成虫初发期设置。将黄板均匀悬挂于植株上方，黄板底部与植株顶端相平，或略高于植株顶端。当烟粉虱黏满板面时，需及时更换黄板。（4）田间防治烟粉虱应重视前期防治工作，田间种群数量较低时和低龄若虫期是生产上防治的关键时期。可选用如下药剂进行防治：25%噻嗪酮可湿性粉剂粉剂2 000倍液、1%阿维菌素乳油2 000~3 000倍液、25%噻虫嗪水分散粒剂2 000~3 000倍液。每隔5~7d防治1次，连用3次可有效控制其为害。施药时最好选择早晨或傍晚施药，喷雾器内适当加少量洗衣粉有利于提高防治效果。（5）生物防治：有条件的烟区可释放丽蚜小蜂防治烟粉虱。

03 | 温室白粉虱

温室白粉虱（*Trialeurodes vaporariorum*）属半翅目（Hemiptera）粉虱科（Aleyrodidae），俗称白粉虱、小白蛾子。温室白粉虱的发源地在南美洲的巴西和墨西哥一带，随寄主植物传至美国和加拿大，后传入欧洲，现已广泛分布于世界各地。自20世纪90年代中后期，温室白粉虱在中国东北、华北、华东和西北各省份普遍发生，扩散快，为害严重，尤其是温室和大棚作物受害更重。温室白粉虱为多食性昆虫，其寄主多达121科900余种植物，包括多种蔬菜、花卉、牧草和木本植物等，尤嗜烟草、黄瓜、番茄、茄子和豆类。在我国山东和河南部分烟叶产区有时发生较重，且常与烟粉虱混合发生。

【为害状】温室白粉虱群集在叶背吸食叶片汁液，被害叶片褪绿、变黄，烟株长势衰弱；分泌的蜜露引起煤污病发生，降低烟叶商品价值。

【形态特征】

成虫：体长1.0~1.5mm，淡黄白色。翅面覆盖白色蜡粉，停息时双翅多平置于体

温室白粉虱成虫

背，两翅合拢，无缝隙，翅端半圆状，遮住整个腹部。翅脉简单，沿翅外缘有一排小颗粒。雌虫个体大于雄虫，其产卵器为针状。

卵：长0.2～0.5mm，长椭圆形，基部有卵柄，柄长约0.2mm，初产时浅绿色，覆有蜡粉，后渐变黑褐色，孵化前呈黑色。

若虫：一龄若虫体长约0.3mm，长椭圆形，二龄体长约0.4mm，三龄体长约0.5mm，淡绿色或黄绿色，足和触角退化。

伪蛹：为四龄若虫末期。体长0.7～0.8mm，黄褐色，椭圆形，初期体扁平，中央略隆起，侧面观呈蛋糕状，体背有5～8对长短不齐的蜡质丝。体侧有刺。

温室白粉虱伪蛹及蛹壳

【发生规律】在温室适宜条件下，温室白粉虱1年可完成10～12个世代。在温室或保护地里，只要温度条件适宜，可终年繁殖。成虫活动的最适温度为25～30℃。成虫有趋嫩和趋黄的习性。成虫白天比晚上活跃，晴天比阴天活跃，飞行能力不强，喜欢群集于植株上部嫩叶背面吸食汁液和产卵，卵散产或排列成环状，卵以细小的卵柄插入植物组织中。初孵若虫可爬行，数小时后即固定刺吸取食，直到成虫羽化。雌、雄成虫一生可交配数次，除两性生殖外，还可孤雌生殖。

【防治方法】（1）农业防治：合理种植，避免与黄瓜、番茄、菜豆等温室白粉虱喜食的植物混栽。（2）物理防治：利用温室白粉虱趋黄的习性，可在大田内设置黄板诱杀成虫。（3）化学防治：参考烟粉虱防治方法。（4）生物防治：有条件的烟区可释放丽蚜小蜂防治温室白粉虱。

04 | 斑 须 蝽

斑须蝽（*Dolycoris baccarum*）属半翅目（Hemiptera）蝽科（Pentatomidea），又名细毛蝽。中国各地均有分布，主要为害烟草、玉米、小麦、水稻、谷子、棉花、甜菜和蔬菜等多种作物。在我国烟田总体为害较轻。

【为害状】以成虫和若虫刺吸烟草嫩叶、嫩茎和蒴果，叶片被刺吸部位先呈现水渍状萎蔫，随后变褐干枯；为害茎或叶柄时，造成为害部位以上的叶片萎蔫下垂，严重时整个心叶部分萎蔫枯死。

斑须蝽为害状

【形态特征】

成虫：长椭圆形，黄褐色至紫褐色，全身密布白色细茸毛及黑色粗刻点。雌虫体长11.2～12.5mm，雄虫体长8.9～10.6mm。触角5节，黑色，第一节短而粗，第二至五节

不同体色的斑须蝽成虫

斑须蝽卵块

基部黄白色，形成黄黑相间的"斑须"。小盾片三角形，末端具鲜明的淡黄色，为该虫的显著特征。前翅革质部分淡红褐至红褐色，膜质部分透明，黄褐色。足黄褐色，散生黑点。腹部侧缘外露，可见黑白相间的斑纹。

卵：长圆筒形，高1.0～1.1mm，直径0.7～0.8mm，整齐排列成块，每块有卵17～28粒。初产为黄白色，孵化前为橘黄色，有圆盖。

若虫：5龄。初孵化时头、胸部黑色，节间淡黄色。五龄若虫体长6.0～9.0mm，体宽5.1～6.3mm，体近椭圆形，黄褐色至黑褐色，全身密布刻点和长茸毛。触角4节，黑色，每节基部淡黄色。翅芽达第三腹节后缘。腹背中央有1纵列黑斑，各节侧缘黄、黑色方斑相间。

【发生规律】斑须蝽的发生代数因地区而异，东北部烟区1年发生1～2代，山东、河

斑须蝽若虫

南烟区3代，黄淮及以南地区3～4代。东北烟区以成虫在田间杂草、枯枝落叶等处越冬。5月初越冬成虫开始活动，5月末至6月上中旬迁到烟田进行为害，越冬成虫6月初开始产卵，中旬进入产卵盛期，若虫6月中旬开始出现，初孵若虫群聚为害，二龄后扩散为害，7月初第一代成虫开始羽化。对烟草的为害主要在6月中下旬至8月上旬，以第一代若虫、成虫和第二代若虫为害。

成虫具有明显的喜温性、群聚性、弱趋光性、假死性，一龄若虫群聚性较强，聚集在卵块处不食不动，蜕皮后才开始分散取食。

【防治方法】（1）农业防治：烟田应远离麦田和油菜田等。及时打顶抹杈，以恶化斑须蝽生存和营养条件。（2）人工捕捉：黄淮烟区6月中旬至7月上旬为发生为害盛期，结合烟田管理，人工摘除卵块，捕捉成虫和若虫。（3）化学防治：一般不需单独施用杀虫剂。必要时可结合烟蚜和烟粉虱等害虫的防治而施药，可选用吡虫啉、噻虫嗪等药剂。

05 | 稻 绿 蝽

稻绿蝽（*Nezara viridula*）属半翅目（Hemiptera）蝽科（Pentatomidae）。国内分布北

起吉林，南至广东、广西等地，北方烟区发生较少，西南、华南等烟区较常见。主要寄主植物包括水稻、麦类、玉米、高粱、油菜、烟草、甘蔗和芝麻等34科近160种植物。

【为害状】主要为害团棵至旺长期烟株，以成虫和若虫刺吸烟草嫩叶、嫩茎、花蕾和嫩果实的汁液。烟株被害后，叶片变黄、凋萎，顶部嫩梢萎蔫，烟株生长迟缓，发生严重时影响烟株生长，造成产量和品质下降。

稻绿蝽为害状

【形态特征】

成虫：常见有全绿型、点斑型、黄肩型。全绿型为代表型，椭圆形，体、足全鲜绿色，头近三角形，触角第三节末及第四、五节端半部黑色，其余青绿色。单眼红色，复眼黑色。前胸背板的角钝圆，前侧缘多具黄色狭边。小盾片长三角形，末端狭圆，基缘有3个小白点，两侧角外各有1个小黑点，腹部背板全绿色。黄肩型头部前段和前胸背板两侧角间之前为黄色，其余部分青绿色。点斑型体橙黄至黄绿色，前胸背板前部中央和小盾片基部各具3个绿斑，前翅革片端部中央各具1个绿斑。

稻绿蝽全绿型（左）、点斑型（中）和黄肩型（右）成虫

卵：杯形，长约1.2mm，宽约0.8mm，初产黄白色，后转红褐色，顶端有盖，周缘有白色精孔一环，24～30个。

若虫：共5龄，一龄若虫腹背中央有3块排成三角形的黑斑；二龄若虫前、中胸背板两侧各有1黄斑；三龄若虫第一、二腹节背面有4个长形的横向白斑，第三腹节至末节背板两侧各具6个，中央两侧各具4个对称的白斑；四龄若虫头部有倒T形黑斑，翅芽明显；五龄若虫绿色为主，触角4节，单眼出现，翅芽伸达第3腹节，前胸与翅芽散生黑色斑点，外缘橙红，腹部边缘具半圆形红斑，中央也具红斑，足赤褐色，跗节黑色。

稻绿蝽成虫交尾

【发生规律】北方地区1年发生1代，四川、江西1年发生3代，广东1年发生4代，少数5代，并有世代重叠现象。以成虫在杂草、土缝和灌木丛中越冬。卵成块产于寄主叶片上，规则地排成3～9行，每块60～70粒。一至二龄若虫有群集性，若虫和成虫有假死性，成虫有趋光性和趋绿性。

【防治方法】（1）合理轮作，避免烟田与水稻、蔬菜等作物邻作。（2）加强田间管理，清除田边杂草。（3）人工捕杀成虫和若虫，同时摘除卵块。（4）保护稻蝽小黑卵蜂和沟卵蜂等天敌。（5）化学防治：参考斑须蝽。

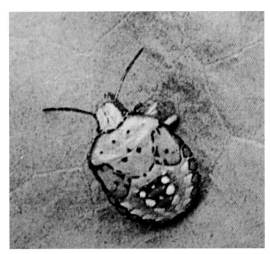

稻绿蝽若虫

06 | 烟 盲 蝽

烟盲蝽（*Cyrtopeltis tenuis*）属半翅目（Hemiptera）盲蝽科（Miridae），异名*Nesidiocoris tenuis*。国内普遍分布，山东、河南、四川、广西、广东、云南和贵州等烟区均有发生。烟盲蝽具有杂食性，既能吸食烟草、芝麻、泡桐和葫芦等植物汁液，也能猎食一些小型害虫，如烟蚜低龄若虫、烟粉虱卵和若虫、夜蛾卵及一龄幼虫等。烟粉虱或烟蚜数量较多时，烟盲蝽主要表现为捕食性，而猎物数量不足时，则表现为植食性；对斜纹夜蛾一龄幼虫和烟蚜有明显的捕食作用。

【为害状】以成虫、若虫为害烟草叶片、花蕾和花，受害叶片出现失绿斑点或孔洞，

烟盲蝽为害幼苗（左）和成熟期叶片（右）

烟盲蝽成虫

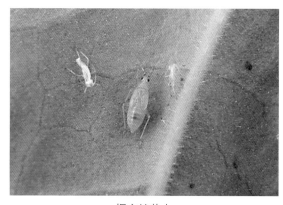

烟盲蝽若虫

蕾和花受害易脱落。

【形态特征】

成虫：体长3～5mm，细长，纤弱，黄绿色，具黄色毛。头圆形，复眼后细缩似颈，后缘黑色，中叶黑褐色且突出。喙伸达后足基节。复眼大，黑色。触角褐色，较粗，多毛，第二、三节两端和第一节除端部黄色外，其余部分黑褐色。前胸背板前缘具"宽颈"，黄白色，胝区突出，色深。后侧角钝圆，向侧方突出，后缘前拱。中胸小盾片明显，倒三角形，绿色或淡绿色，末端黑褐色。前翅半透明，前缘直，多毛，革片顶角和楔片顶角色较深，膜片白色透明。足细长，胫节色暗，具短毛并混生刺毛，跗节末端黑色，假爪垫显著。

卵：香蕉形，顶端卵盖平斜，初产时白色透明，后变黄色。

若虫：共5龄，一龄体黄色或橙色，二至五龄虫体深绿色，翅芽随龄期而增大。五龄若虫体长2.6～3.1mm，体初无色透明，后变成白色或黄色至深绿色，复眼红色，触角浅褐色，足浅黄色，翅芽浅黄绿色。

【发生规律】1年发生3～4代，世代重叠。以成虫在杂草丛等隐蔽场所越冬。翌年4月上中旬开始活动，在我国烟田主要发生于烟株生长的中后期。成虫主要在叶背面活动，遇惊即飞。卵散产，多产于烟株中部叶片背面主脉或叶柄表皮下，产卵处稍凹陷。温暖季节很活跃，温度在10℃以下时不活跃。

【防治方法】（1）农业防治：及时打顶、抹杈，清洁田园，消灭越冬寄主。（2）药剂防治：一般不需单独采用杀虫剂防治，发生严重时可用吡虫啉或氯氰菊酯等药剂进行喷雾防治。

07 | 黄蓟马

黄蓟马（*Thrips flavidulus*）属缨翅目（Thysanoptera）蓟马科（Thripidae）。寄主植物包括烟草、十字花科蔬菜、瓜类、豆类、葱、韭菜、蒜、蔷薇、百合、月季、唐菖蒲、杜鹃、木兰花和刺槐等。分布于全国各地，我国烟区总体发生较轻，云南部分烟区时有发生。

【为害状】以成虫和若虫为害，受害植物常呈枯黄或灼伤枯焦，叶片卷缩，扭曲变形，或常出现褐色斑纹及块状白色斑纹。多于植物花上为害，受害花朵失色，呈现不规则的病斑，花瓣扭曲变形、枯萎、腐烂、脱落，严重影响花的正常生长和结实。

【形态特征】

成虫：体长1.3～1.4mm。体黄色，足、翅黄色，复眼红色，触角黄色，各节端部褐色。腹部黄色，第一至七节背板基部各具1淡褐色横带。触角8节，第一至五节基部黄色，端部褐色，六至七节暗褐色。头宽大于长，较前胸为短；单眼间鬃位于单眼三角形连线外缘。触角第三、四节上具叉状感觉锥。前胸背板中部有横纹，背板约有30根鬃。后胸背板有一对钟形感觉孔，位于背板后部，且间距小。中胸腹板内叉骨具长刺，后胸腹板内叉骨无刺。前翅前缘鬃28根。腹部第五至八背板两侧具微弯梳，第八背板后缘梳完整，梳毛细而排列均匀；第二背板侧缘各有纵排的4根鬃。第八腹节背板后缘栉毛列完整。

卵：卵圆形，乳白色。卵散产于嫩绿植物叶肉组织内。

若虫：初孵若虫呈乳白色，随着生长发育逐渐变成黄色。

【发生规律】黄蓟马在广东、海南、台湾、广

黄蓟马成虫

西、福建等地1年发生20～21代，在上海、云南、江西、浙江、湖北、湖南等地1年发生14～16代，在北方1年发生8～12代。以成虫潜伏在树皮、土块、土缝或枯枝落叶间越冬，少数以若虫越冬。每年4月开始活动，5～9月进入发生为害高峰期，以秋季最为严重。

【防治方法】（1）农业防治：对土壤进行消毒处理，清除田边花卉、杂草，销毁蓟马生活环境和繁衍场所。烟苗育苗大棚保持密封，覆盖60目防虫网以防蓟马迁入。（2）物理防治：在苗圃地、田间挂蓝色黏板或安放盛水的蓝色盘诱捕蓟马。（3）化学防治：选用25%噻虫嗪水分散粒剂3 000～4 000倍液、70%吡虫啉可湿性粉剂12 000～13 000倍液或3%啶虫脒乳油1 500～2 500倍液等内吸性杀虫剂。

08 西花蓟马

西花蓟马（*Frankliniella occidentalis*）属缨翅目（Thysanoptera）蓟马科（Thripidae），是世界性入侵害虫。寄主植物包括烟草、十字花科蔬菜、瓜类、豆类、蔷薇、百合、月季等多种花卉、蔬菜、果树等，达500余种。在我国烟区为害较轻，云南部分烟区时有发生。

西花蓟马成虫

【为害状】该虫以锉吸式口器取食植物的茎、叶、花和果，导致花瓣褪色、叶片皱缩，茎和果受害则形成伤疤，最终可使植株枯萎，还传播番茄斑萎病毒（TSWV）等多种病毒。

【形态特征】

成虫：雄虫体长0.9～1.1mm，雌虫体长1.3～1.4mm。体黄至褐黄色。头部、胸部和足黄色。复眼红色。触角各节基部黄色，端部褐色，触角8节。腹部黄色，第一至七节背板基部各具1不规则褐色横斑，通常有灰色边缘。腹部第八节有梳状毛。头、胸两侧常有灰色斑。眼前刚毛和眼后刚毛近等长。前胸背板前缘和后角的鬃毛几乎等长，前缘有鬃4根，后缘有鬃6根。翅发育完全，边缘有灰色至黑色缨毛，当两翅折叠时，在腹中部下端形成1条或2条黑线。翅上有两列鬃毛（上脉鬃和下脉鬃）。

卵：卵圆形，乳白色。

若虫：初孵若虫呈乳白色，随着生长逐渐变成黄色。

【发生规律】在温室内的稳定环境下，1年可发生12～15代，雌虫行两性生殖和孤雌生殖。在15～35℃下均能发育，从卵到成虫只需14d。27℃左右适宜产卵，卵产于植物叶肉组织内。一头雌虫可产卵229粒。西花蓟马繁殖能力很强，个体细小，极具隐匿性。

【防治方法】参考黄蓟马防治方法。

西花蓟马成虫（邝军锐提供）

09 | 烟 蓟 马

烟蓟马（*Thrips tabaci*）属缨翅目（Thysanoptera）蓟马科（Thripidae）。分布于全国各地。寄主范围广，主要为害烟草、棉花、豆类、大葱、洋葱、大蒜、韭菜等。在我国烟区总体为害较轻。

【为害状】以成虫和若虫刺吸为害烟草叶片、生长点和花，叶片受害后出现失绿斑点或凹陷小斑，重者叶片变色、变形。生长点受害，造成无头烟或多头烟。花蕾受害，影响种子发育。

【形态特征】

成虫：体长 1.2～1.4mm，淡褐色。体淡黄至深褐色，背面色略深；头部宽大于长；复眼紫红色，稍突出；触角7节，淡黄褐色，每节基部色浅，特别是第三节基部细长若柄；前胸背板宽大于长，两后角各有长鬃2根。中、后胸背面连合成长方形；翅透明、细长，端部较尖，周缘密生细长的缘毛。前翅前脉鬃基鬃7～8根，端鬃4～6根，后脉鬃15～16根。腹部10节，扁长，尾端尖细；雌虫产卵器锯齿状。

卵：长0.29mm，初期肾形，乳白色，后变卵圆形，黄白色，若虫孵化前可见红色眼点。

若虫：淡黄色，复眼暗红色，胸、腹部有微小褐点，点上生粗毛。共4龄，四龄若虫有明显的翅芽。

前蛹和蛹：与若虫相似，翅芽明显。

【发生规律】烟蓟马在我国各地1年发生3～20余代，东北和华北地区1年发生3～4代，黄淮流域1年发生6～10代，南方地区1年发生10代以上。在我国大部分地区主要以成虫和若虫在土缝、葱类蔬菜叶鞘以及地表枯枝落叶层中越冬，少数以蛹在土层内越冬；在华南地区无越冬现象。烟蓟马早春先在杂草上活动繁殖，之后过渡到烟草上为害，以

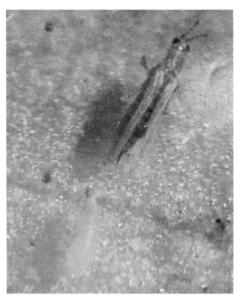

烟蓟马成虫（引自方宇澄，1992）　　　　　　　烟蓟马成虫（郑军锐提供）

4～6月发生较重，干旱年份尤重。成虫活泼，善飞能跳，还可随气流传播，畏光，白天多在叶背隐藏，早、晚或阴天取食。雌虫主要行孤雌生殖，产卵于植物幼嫩组织内，每雌平均产卵约50粒。初孵若虫集中在烟叶基部为害，稍大即分散。一至二龄若虫活动性不强，二龄以后钻入土内或叶鞘内，变为静止的前蛹和蛹。烟蓟马不耐高湿，温度25℃和相对湿度60%以下，有利于发生，高温高湿均不利于发生，大雨明显降低其种群数量。烟蓟马可在土壤中化蛹，较适宜于壤土和轻沙性土，黏重土壤对其有不利影响。在25～28℃下，卵期5～7d，一至二龄若虫期6～7d，前蛹期2d，蛹期3～5d，成虫寿命8～10d。

【防治方法】（1）秋末冬初清除田间残株、落叶和寄主杂草，减少越冬虫源；及时打顶抹杈；蔬菜和烟草混植区，注意防治韭菜、葱和蒜等作物上的烟蓟马，以减少转入烟田的虫源。（2）其他防治方法参考黄蓟马。

10 | 草 履 蚧

草履蚧（*Drosicha corpulenta*）属半翅目（Hemiptera）珠蚧科（Margarodidae），又名日本草履蚧、草蛙蚧、草履硕蚧等。草履蚧食性杂，寄主为栎、苹果、板栗、胡颓子、无花果、桃、柿、柳、槐、广玉兰和罗汉松等花木，主要分布于河北、山西、山东、陕西、河南、青海、内蒙古、浙江、江苏、上海、福建、湖北、贵州、云南、四川、西藏等地。草履蚧在林业上为害较为常见，国内较少发现为害烟草，2000年7～8月首次在湖南省湘西土家族苗族自治州龙山县茨岩乡凉水村（海拔1 210m）、水顺县车坪乡咱河村（海拔720m）发现其在烤烟上为害，2008年8月在湖北省恩施土家族苗族自治州宣恩县烟田中再次发现其为害烤烟。

【为害状】雌虫或若虫多吸附在距土表2～15cm的烟茎上或土下2～3m的主根或须根上吸食为害，虫体白色蜡粉黏附于烟茎取食部位。被害处开始出现不规则灰（白）褐色条块状坏死斑，表面为一层灰白色薄皮，久之取食部位变褐，中上部叶片并不凋萎，仅下部靠近取食部位的2～3片叶凋萎。

草履蚧及其为害状

【形态特征】

成虫：雌虫体长10mm，椭圆形，背面隆起像草鞋，黄褐至红褐色，疏被白色蜡粉和许多微毛。触角丝状，9节，黑色，被细毛。胸足3对，较发达，黑色，被细毛。腹部8节，体背有横皱和纵沟。雄虫体长5～6mm，翅展9～11mm，头、胸黑色，腹部深紫红色，触角念珠状，10节，黑色，略短于体长，鞭节各亚节每节有3个珠状突，其上环生细长毛。前翅紫黑至黑色，前缘略红；后翅退化为平衡棒。腹末具4个较长的突起，性刺褐色筒状，较粗，微上弯。

卵：椭圆形，长1～1.2mm，淡黄褐色，光滑，产于卵囊内。卵囊长椭圆形，白色绵状，每囊有卵数十至百余粒。

若虫：体形与雌成虫相似，体小色深。

蛹：褐色，圆筒形，长5～6mm，翅芽1对，达第二腹节。

【发生规律】1年发生1代，以卵和若虫在寄主周围土缝和砖石块下或10～12cm深的土层中越冬。1月底卵开始孵化，若虫暂栖居卵囊内，并于其中越冬。第二年3月下旬至5月上旬开始出现若虫，发生该虫的烟田周围有一些栎树、桃树和柿树，故一般在温暖的晴天，若虫出土后先爬上这些植物茎秆。遇不良气候时，该虫可入土蛰伏，后再活动。4月下旬若虫到树皮缝隙或土缝等处分泌白色蜡丝，形成长圆形的茧化蛹，5月上中旬达到羽化高峰。同时，5月上中旬有雌成虫出现，一部分雌成虫交尾后入土形成卵囊产卵。若虫和雌成虫多于6～8月大量转移到烟草上吸食为害。

【防治方法】（1）冬季翻耕土壤，降低越冬虫口数量。（2）若被害株少而又较矮小时，对其上的若虫或雌成虫，采取人工挑治，刷掉虫体。对虫口密度较大的烟田，可在茎基部喷施2.5%氟氯氰菊酯乳油2 000倍液，每隔7d喷1次，共喷1～2次。（3）阻止低龄若虫爬上茎秆，可在烟草茎基部涂一宽15cm的黏胶环，以黏杀和阻止若虫，及时清除被黏阻的虫体。杀虫胶用环氧树脂9份加吡虫啉1份配制即可。（4）保护利用自然天敌红环瓢虫。（5）在烟田周围的林木或果树上喷洒低毒杀虫剂杀灭雌成虫或若虫，阻止向烟田转移。

11 | 烟草害螨

在我国为害烟草的害螨主要有朱砂叶螨（*Tetranychus cinnabarinus*）和截形叶螨（*Tetranychus truncates*），均属蛛形纲（Arachnida）叶螨科（Tetranychidae）。分布于辽宁、山东、广东等烟区。害螨在我国烟田仅偶尔发生，为害轻。

【为害状】成螨、若螨在叶片背面刺吸叶肉组织，叶片正、反面出现失绿斑点或斑块，影响叶片正常光合作用，导致叶片发育不良，严重发生时，叶片变枯黄。特别是在烟株底部叶片受害较重。

烟草害螨为害状

【形态特征】

（1）朱砂叶螨：

雌成螨：体红色或红褐色，椭圆形。体长0.5～0.6mm。体背两侧有块状或条形深褐色斑纹，斑纹从头、胸部开始，延伸至腹末端，有时斑纹分隔成2块，其中前一块较大。背毛13对。足4对。雄成螨略呈菱形，稍小，体长0.3～0.4mm。绿色或橙黄色。腹部瘦小，末端较尖。阳茎端锤较小，背缘略呈弧形或钝角形，近侧突稍尖，约等长于远侧突。

卵：长0.1mm左右，圆球形，初产时无色，呈透明状，有光泽，渐变为淡黄色、橙红色或红褐色。

幼螨：体近圆形，淡红色，长0.1～0.2mm，足3对。

若螨：长0.2mm，略呈椭圆形，体色较深，体侧开始出现较深的斑块。足4对。

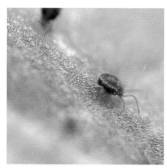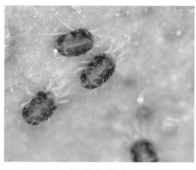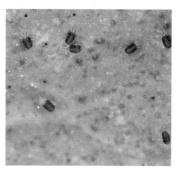

烟草害螨形态

（2）截形叶螨：与朱砂叶螨大小形态相似，田间难以区分。雄成螨阳具柄部宽大，端锤背缘平截状，末端1/3处具一凹陷，端锤内角钝圆，外角尖。

【发生规律】截形叶螨和朱砂叶螨在北方烟区以雌成螨在土中、落叶下或宿根的杂草上越冬。在北方烟草上1年发生5～10代，福建1年约发生20代。烟草移栽后，害螨从烟田周围的环境如菜田、林地和地边的双子叶杂草上迁入烟田，先在地边的烟株上发生，主要为害植株下部叶片。通常在移栽至团棵期发生为害，特别是在干旱条件下或浇水不及时易发生，相对湿度超过70%时不利其繁殖。山东烟区在5月下旬至6月底发生，随着气温升高，发生量渐多，但发生为害时间不长，一般为害不大。在丘陵山区，烟草成株期叶片上也会发生。

【防治方法】（1）及时清除烟田田边和田中的双子叶杂草，如苋菜、灰绿藜等。移栽至团棵期及时浇水，抑制叶螨的发生。（2）在移栽至团棵期发生严重时，在叶片反面喷施15%哒嗪酮乳油2 000～3 000倍液或20%四螨嗪乳油1 000倍液。

第三章 食叶类害虫

CHAPTER3

食叶类害虫是指主要为害烟草叶片的害虫,其为害方式通常以咀嚼式口器取食叶片为主,常咬成缺刻和孔洞,甚至食光叶片,仅留叶脉。食叶类害虫多以幼虫(若虫)为害,有的种类幼虫(若虫)和成虫均可为害。烟田发生较普遍、为害较重的食叶类害虫主要有烟青虫、棉铃虫和斜纹夜蛾等。食叶类害虫多营裸露生活,其种群数量的消长常受天气与天敌等因素直接制约。田间种群数量较大时,若防治不及时,常造成烟叶严重受损,甚至失去烘烤价值。

食叶类害虫种类多,分布广,对烟叶生产为害较大,主要包括以下5类:(1)鳞翅目害虫:常见的有烟青虫、棉铃虫、斜纹夜蛾和甘蓝夜蛾等,主要是以幼虫咬食叶片,造成叶片残缺不全。(2)直翅目害虫:常见的有蝗虫、蟋蟀和螽斯类害虫,成虫和若虫均可取食叶片,造成缺刻和孔洞等。(3)鞘翅目害虫:常见的有茄二十八星瓢虫、马铃薯瓢虫、大灰象甲和甘薯蜡龟甲等,主要以成虫或幼虫为害叶片,取食叶片后常常仅留下叶脉。另有部分鞘翅目害虫如大黑鳃金龟、暗黑鳃金龟和铜绿丽金龟等,除以成虫为害叶片外,其幼虫也可取食地下根系、嫩茎等,因这类害虫的幼虫主要营土壤生活,本书将此类害虫归入"地下害虫"章节。(4)软体动物类:常见的有蛞蝓和蜗牛,常取食移栽前后烟苗幼嫩的叶片。近年来由于推广井窖式移栽技术,烟穴内温湿度适宜,移栽至团棵期蛞蝓和蜗牛在四川、重庆、贵州等烟区部分烟田常发生较重。

食叶类害虫发生和为害主要有以下特点:(1)寄主的多样性。所有取食烟草叶片的害虫,都可以取食其他寄主植物,有转株为害和转寄主为害的特点,烟田周边的栽培作物或杂草等对害虫的发生有明显的影响。(2)从取食至造成损失具有滞后性。烟草幼嫩叶片被少量取食后,叶片和烟株生长一般不受影响,但取食造成的孔洞和缺刻会随叶片生长而扩大,从而对烟叶的产量和质量造成显著影响。(3)危害损失的直接性。由于此类害虫取食叶片,为害状明显,易于识别,也便于及时采取防治措施。(4)发生与生态环境条件关系的复杂性。烟田周围栽培的作物种类和管理情况,烟田杂草的防除情况,化学农药的使用量和使用时间等,都会影响到烟田食叶类害虫的发生。

01 | 烟 青 虫

烟青虫(*Helicoverpa assulta*)属鳞翅目(Lepidoptera)夜蛾科(Noctuidae),又名烟

夜蛾，田间多与棉铃虫混合发生。烟青虫寄主植物多达70余种，主要为害烟草、辣椒等作物。全国各烟区均有发生，以黄淮烟区、华中烟区和西南烟区的四川、贵州等地发生为害较重。

【为害状】烟青虫在烟草现蕾以前为害新芽与嫩叶，被害烟叶呈现大小不等的孔洞，受害严重的叶片仅剩叶脉。幼虫在生长点或嫩茎上蛀食，造成上部叶和茎萎蔫或烟株无顶芽。烟草现蕾后，幼虫多取食花蕾及果实，蕾、果常被蛀空。

烟青虫为害状

【形态特征】

成虫：体长15～18mm，翅展27～35mm。体黄褐至灰褐色。雄蛾前翅为棕黄色，雄蛾为淡灰黄绿色。腹部黄褐色，少数个体腹部背面有黑色鳞片，腹部腹面无黑色鳞片。复眼暗绿色。前翅斑纹清晰，基线较短，内横线、中横线、外横线和亚外缘线均呈波浪状，其中内横线和外横线为双曲线，环形纹内有1褐色斑点，肾形纹中央有1新月形褐纹，亚外缘线形成暗色宽带，宽带外缘波浪程度大，缘毛黄色。后翅淡黄色，近外缘有1黑色宽带，其内缘平直，内有1条黄褐色至黑褐色的斜纹与之平行。

卵：扁球形，底部较平，高0.4～0.55mm。卵壳表面具有长短相间排列的纵棱20余条，不伸达底部，纵棱间有横

烟青虫成虫

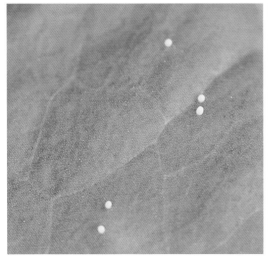

烟青虫卵

纹，但不明显。卵顶花冠有11～15个花瓣形纹。卵初产时乳白色，后变成灰黄色，孵化前变为淡紫灰色。

幼虫：初孵幼虫体长约2.0mm，老熟幼虫体长31～41mm。体色多变化，常见绿色、青绿色、红褐色、黄褐色和深褐色等。头部黄褐色，有深色不规则网纹。体背常散生有白色小点，体表密布不规则的小斑块，且密生短而钝的圆锥形小刺；胸部每节有黑色毛片12个，腹部每节有黑色毛片6个（除末节）；前胸气门前毛片有1对刚毛，其基部连线不穿过气门。

烟青虫低龄幼虫（左）和老熟幼虫（右）

蛹：纺锤形，长17～21mm。初期深绿色，后变成深红褐色。腹部第五至七节背、腹面前缘密生小刻点，排列呈圆形或半圆形，腹部末端有1对平行且直伸的臀刺，着生在2个较接近的突起上。

【发生规律】烟青虫年发生的世代数因地而异，东北烟区每年发生2代，山东、河南和陕西等地3～4代，安徽、云南、贵州、四川和湖北等地4～6代。在各地均以蛹在土中7～13cm深处越冬，一般在4月底至6月中旬越冬蛹羽化为成虫，在各地经不同世代后于9～10月化蛹入土越冬。棉铃虫发生规律与烟青虫相似，在烟田两种害虫常混合发生，不同地区、不同发生世代下两者的发生比例有所差异。两种害虫的成虫多集中在夜晚活动。卵多散产在烟株中上部叶片正、反面茸毛较多的部位，现蕾后多产于花瓣、萼片或蒴果上。成虫对糖蜜气味、半萎蔫的杨树枝把趋性较强，并有一定的趋光性。

烟青虫蛹

　　幼虫孵化后先取食卵壳，然后分散活动。初孵幼虫昼夜活动，可吐丝下垂转移为害。低龄幼虫取食烟叶叶肉，或在叶片上蛀食成小孔。三龄后幼虫食量增大，为害严重，白天潜伏在烟叶下，夜晚活动为害，取食叶片或嫩茎。幼虫一般为5龄，少数6龄，也有极少数为7龄。幼虫具有明显的假死性和相互残杀习性，在田间属随机分布。幼虫老熟后不食不动，身体皱缩，体背面微显红色，臀板呈现黄褐色，1～2d后入土做蛹室化蛹。入土深度3～5cm，越冬蛹入土深度7～13cm。

　　【防治方法】（1）冬耕灭蛹。（2）在发生量较少时可捕杀幼虫：于阴天或早晨，检查嫩叶，如发现有新鲜虫孔或虫粪时，随即找出幼虫杀死。（3）利用成虫的趋光性和趋化性，在成虫发生前设置杀虫灯或者性诱剂进行大面积统一诱杀。（4）药剂防治：于幼虫三龄前选用0.5%苦参碱水剂700倍液、5.7%甲氨基阿维菌素苯甲酸盐水分散粒剂2 500倍液、2.5%高效氯氟氰菊酯乳油2 000倍液、20%氯虫苯甲酰胺悬浮剂5 000倍液等药剂进行防治。

02 | 棉 铃 虫

　　棉铃虫（*Helicoverpa armigera*）属鳞翅目（Lepidoptera）夜蛾科（Noctuidae），广泛分布于世界各地，在我国各大烟区均有发生。棉铃虫的寄主植物多达200余种，除为害烟草外，主要还为害棉花、玉米、小麦、高粱、花生、豌豆、芝麻、辣椒和向日葵等。该虫与烟青虫是近缘种，形态相似，常于烟田混合发生，尤以烟草生长中后期或留种田为害较重。

　　【为害状】以幼虫为害。在烟株现蕾以前为害新芽与嫩叶，咬成孔洞或缺刻，严重时几乎可将整片叶食光；留种田烟株现蕾后，为害花蕾和蒴果，有时钻入嫩茎取食为害。

棉铃虫团棵期（左）和现蕾期（右）为害状

棉铃虫初孵幼虫为害状

【形态特征】

成虫：体长14～20mm，翅展27～38mm。触角丝状，复眼绿色。雌蛾前翅赤褐色，雄蛾灰绿色。前翅斑纹较为模糊，前翅内横线、中横线和外横线不明显，亚外缘线形成深灰褐色宽带，宽带内侧有7个小白点，小白点内侧有7个小黑点，宽带外缘波浪线弯曲，但波浪程度小。中横线由肾形斑下斜伸至后缘，其末端到达环形斑中部下方，外横线较斜，末端在肾形斑中部下方。后翅沿外缘有褐色宽带，宽带内有近似新月形的灰白色斑。腹部背面及腹面均有黑色鳞片。

棉铃虫雌成虫（左）和雄成虫（右）

不同体色的棉铃虫幼虫

卵：半球形，高0.51～0.55mm，直径0.44～0.48mm。顶部稍隆起，底部较平，具有纵棱20余条，伸达卵底部。卵初产为乳白色或浅绿色，渐变为黄色，近孵化时为灰黑色。

烟草叶片（左）及蒴果（中）上的棉铃虫卵（右图示放大）

棉铃虫蛹

幼虫：老熟幼虫体长30～42mm，体色变化较大，由淡绿、淡红至黑褐色，头部黄褐色，背线、亚背线和气门上线呈深色纵线，气门白色。体表密布纵向细纹和褐色或灰色小刺，长而尖，腹面有明显的黑褐色小刺。前胸气门前毛片的2根刚毛基部连线与气门下缘相切或穿过气门。

蛹：体长13.0～23.8mm，纺锤形。初化蛹体淡绿色，渐变为赤褐色或黑褐色。腹部五至七节前缘有稀疏而粗的刻点，气门大而高隆。腹末2根臀刺着生在2个分开的突起上。

【发生规律】棉铃虫的年发生世代数由南至北渐少，1年发生3～6代，以蛹在土中越冬。各地因种植作物种类不同，在烟田或其他寄主作物田中转移为害，烟田一般于烟株团棵期时开始发生。成虫白天隐藏在叶背等处，黄昏开始活动，取食花蜜。卵多散产在烟株中上部叶片正、反面茸毛较多的部位，现蕾后多产于花瓣、萼片或蒴果上，单雌产卵量一般为500～1000粒。成虫飞翔能力强，对糖蜜气味、半萎蔫的杨树枝把趋性较强，并有一定的趋光性。幼虫共6龄，个别5龄，幼虫期一般15～20d，初孵幼虫有取食卵壳的习性，幼虫老熟后，爬至地面入土5～10cm深处做土室化蛹。

温度、降水量和土壤含水状况是影响棉铃虫发生的主要环境因素，决定棉铃虫的发生程度。棉铃虫的发育适温是25～30℃，低于20℃时不能正常生长发育。越冬代成虫发生的早晚与春季气温关系密切。暴雨或土壤含水量较高均对羽化不利。天敌也是影响棉铃虫发生的重要因素，其中棉铃虫齿唇姬蜂为烟田棉铃虫幼虫的优势寄生性天敌。

【防治方法】（1）冬耕灭蛹。（2）在发生量较少时可人工捕杀幼虫。（3）利用成虫的趋光性和趋化性，在成虫发生前设置杀虫灯或性诱剂进行大面积统一诱杀。（4）药剂防治：于幼虫三龄以前选用0.5%甲氨基阿维菌素苯甲酸盐微乳剂1500倍液，或2.5%高效氯氟氰菊酯乳油2000倍液，或20%氯虫苯甲酰胺悬浮剂5000倍液等药剂进行防治。在幼虫孵化盛期也可喷施苏云金杆菌、苦参碱等生物制剂进行防治。

03 | 斜纹夜蛾

斜纹夜蛾（*Spodoptera litura*）属鳞翅目（Lepidoptera）夜蛾科（Noctuidae），也称莲纹夜蛾。斜纹夜蛾是一种多食性和暴食性害虫，其寄主已知有99科300多种植物。该虫广泛分布于亚洲热带和亚热带地区、欧洲地中海地区和非洲。我国除青海和新疆没有发现外，其他地区均有发生，尤以淮河以南发生较多，长江中下游和华南地区虫口数量较大。

【为害状】该虫主要以幼虫咬食寄主的叶、蕾、花和果实。初孵幼虫群集在叶背为害，残留上表皮，使叶片呈透明的纱窗状；三龄开始分散为害，取食叶片造成小孔洞或缺刻；四龄开始进入暴食期。虫口密度高时，将叶片食光，仅留主脉。

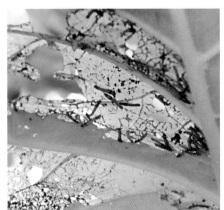

斜纹夜蛾低龄幼虫为害状（左）及严重为害状（右）

【形态特征】

成虫：体长14～21mm，体宽4～5mm，翅展30～46mm。头部、胸部和腹部褐色。前翅黑褐色，在环纹和肾纹之间由3条白线组成较宽的灰白斜纹，故名斜纹夜蛾。后

斜纹夜蛾雌成虫（左）和雄成虫（右）（魏纳森摄）

斜纹夜蛾成虫栖息状

翅灰白色，外缘及近外缘的翅脉黑褐色。与雌蛾比较，雄蛾胸部背面和腹部末端有较多和较长的毛。雄蛾抱器瓣宽，腹缘外拱，抱钩刺形，阳茎细长，有1刺形角状器。

卵：数十至上百粒集成卵块，外覆黄白色鳞毛。卵粒近半球形，顶部圆平。高0.3～0.4mm，直径0.4～0.5mm。卵壳表面有菊花瓣状饰纹。

幼虫：一般6龄。体色随龄期增大和种群数量的增加而变深。从三龄开始，可见灰白色或橙黄色的背线、亚背线和气门

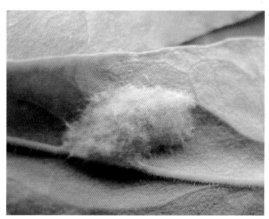
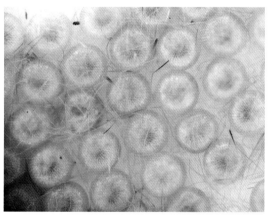

斜纹夜蛾卵块（魏纳森摄）

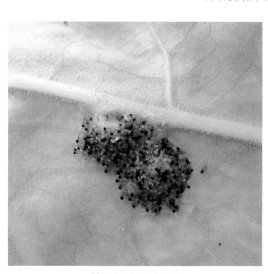

斜纹夜蛾初孵幼虫

下线。从四龄开始，中胸至第九腹节亚背线内侧各有1对黑褐色三角形斑纹。

蛹：红褐色。雌蛹长15.2～20.0mm，宽5.0～6.5mm。雄蛹长15.0～19.1mm，宽4.8～5.9mm。腹部第四至七节背面前缘有黑色刻点，第五至七节腹面前缘有黑色刻点。腹部末端有1对臀刺。

【发生规律】我国从北至南1年发生4～9代。通常以蛹在土中越冬，少数以老熟幼虫越冬。成虫具强趋光性和趋化性，有迁飞能力。雌蛾集中产卵，每雌可产卵3～5块，每块2～4层，共100～200粒。卵多产于叶片背面，覆有鳞毛。幼虫有假

不同体色的斜纹夜蛾幼虫

死性，三龄以后有自相残杀习性。四龄进入暴食期，并可迁移至他处为害。老熟幼虫在土中做蛹室化蛹。在温度26℃±1℃、相对湿度65%±5%和光照：黑暗=12h：12h的条件下，世代历期为30.8d。

【防治方法】（1）种植诱集作物（如向日葵）诱杀。（2）在成虫发生期，用频振杀虫灯和性诱剂诱杀。（3）在幼虫孵化盛期或低龄幼虫盛发期，进行生物防治（如使用苏云金杆菌或斜纹夜蛾核型多角体病毒制剂）或化学防治，可采用5%高氯·甲维盐微乳剂3 500倍液喷雾防治。

斜纹夜蛾蛹

04 | 甘蓝夜蛾

甘蓝夜蛾（*Mamestra brassicae*）属鳞翅目（Lepidoptera）夜蛾科（Noctuidae），又名甘蓝夜盗虫，全国各地均有分布。甘蓝夜蛾是多食性害虫，主要为害甘蓝、大白菜、花椰菜等十字花科蔬菜以及烟草和甜菜等，在我国烟区发生为害较轻。

【为害状】初孵幼虫昼夜活动，啃食叶片，残留下表皮，呈密集的"小天窗"状；大龄幼虫取食叶片呈孔洞、缺刻状，严重时将叶肉吃光，仅剩叶脉和叶柄。

【形态特征】

成虫：体长15～25mm，翅展30～50mm。体、翅灰褐色。前翅中央位于前缘附近，内侧有1环状纹，灰黑色，肾状纹灰白色。外横线、内横线和亚基线黑色，沿外缘有黑点7个，下方有白点2个，前缘近端部有等距离的白点3个。亚外缘线色白而细，外方稍带淡黑色。后翅灰白色，外缘一半黑褐色。

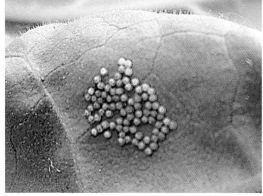

甘蓝夜蛾成虫　　　　　　　　　　　甘蓝夜蛾卵

卵：半球形，底径0.6～0.7mm，有放射状的三序纵棱，棱间有一对下陷的横道，隔成一行方格。

幼虫：共6龄，各龄幼虫特征不同。六龄幼虫体色多变，黄绿色、绿色或黑褐色，背线和亚背线为白色点状细线，气门线黑色，气门下线为1条白色宽带，各节背面中央两侧沿亚背线内侧有倒"八"字形黑色条纹。

蛹：赤褐色，蛹背面由腹部第一节起到体末止，中央具有深褐色纵纹1条。臀棘较长，深褐色，末端着生2根长刺，刺从基部到中部逐渐变细，到末端膨大呈球状，似大头钉。

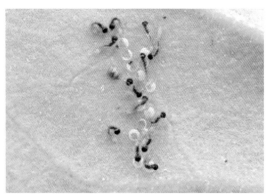
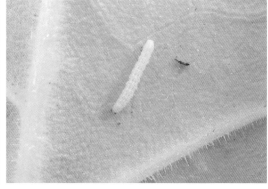

甘蓝夜蛾一龄幼虫（左）和二龄幼虫（右）

甘蓝夜蛾三龄幼虫（左）和四龄幼虫（右）

甘蓝夜蛾五龄幼虫（左）和六龄幼虫（右）

【发生规律】在东北地区1年发生2～3代，在华北地区1年发生3代，四川1年发生3～4代，各地均以蛹在土中越冬。成虫有趋光性，但不强。成虫夜间活动，多在草丛间或其他开花植物上取食花蜜。成虫产卵期需吸食露水和蜜露以补充营养，多产卵在叶背面，卵成块，排列整齐不重叠。成虫对黑光灯和糖醋液有趋性。初孵幼虫群集，稍大后分散，老龄幼虫有假死性，并可互相残杀。

【防治方法】（1）农业防治：进行秋

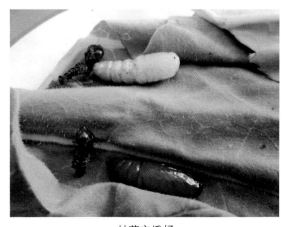

甘蓝夜蛾蛹

冬耕可杀死部分越冬蛹；及时清除杂草和老叶，减少卵量。（2）生物防治：保护利用赤眼蜂、寄生蝇、草蛉等天敌。（3）在成虫发生期可用糖醋液和频振杀虫灯诱杀。（4）人工防治：于产卵盛期或初孵幼虫期，及时摘除卵块或初孵的群集小幼虫并杀死。（5）药剂防治：于三龄以前选用化学药剂喷雾防治，药剂种类参考烟青虫防治方法。

05 | 银纹夜蛾

　　银纹夜蛾（*Argyrogramma agnata*）属鳞翅目（Lepidoptera）夜蛾科（Noctuidae），别名菜步曲、造桥虫，分布于我国各地，其幼虫食性广，主要为害甘蓝、萝卜、白菜等十字花科作物，也为害烟草、茄子、棉花、豆类等多种作物。

　　【为害状】初龄幼虫于叶背面取食叶肉，形成透明斑；三龄后取食叶片成孔洞和缺刻，发生严重时将叶片食光。末龄幼虫在烟叶背面结透明薄茧化蛹。

银纹夜蛾成虫

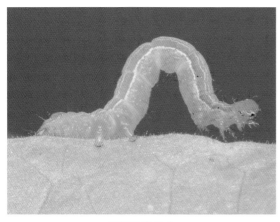

银纹夜蛾幼虫

【形态特征】

　　成虫：体长15～17mm，翅展32～36mm。头、胸灰褐色，前翅深褐色，中央处有1银白色秤钩状斑纹和1近三角形或马蹄形银色斑纹，两斑纹靠近但不相连。

　　卵：半球形，直径0.4～0.5mm，初产为乳白色，后变淡黄至紫色，从顶端四周放射出隆起纹若干条。

　　幼虫：末龄体长25～32mm，头部绿色，体淡黄绿色。体前端较细，后端较宽，有腹足3对，第一至二对腹足退化，爬行时拱曲，似尺蠖。背线白色双线，亚背线白色，背线和亚背线之间白色，气门线黑色，气门黄色，边缘黑褐色。

　　蛹：体长18～20mm，纺锤形。第一至五腹节背面前缘灰黑色，腹部末端延伸为方形臀棘，上生钩状刺6根。

　　【发生规律】银纹夜蛾在北方地区1年发生2～3代，南方地区每年发生5～6代。以蛹越冬，翌年4～5月可见成虫，羽化后4～5d进入产卵盛期，卵散产或成块产于叶背。银纹夜蛾生长发育适宜

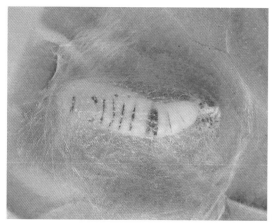

银纹夜蛾蛹

银纹夜蛾蛹壳

温度 15 ～ 35℃，最适温度范围为 22 ～ 25℃。成虫昼伏夜出，趋光性强，趋化性弱。

【防治方法】（1）冬季进行深翻，消灭越冬蛹；清除植株残体，以减少来年的虫口基数。（2）利用成虫的趋光性，在成虫发生期，在田间设置杀虫灯诱杀。（3）于低龄幼虫期，选用苏云金杆菌可湿性粉剂进行喷雾。（4）化学防治：参考烟青虫。

06 | 银锭夜蛾

银锭夜蛾（*Macdunnoughia crassisigna*）属鳞翅目（Lepidoptera）夜蛾科（Noctuidae）。喜食大豆、胡萝卜、菊、牛蒡、莴苣、青椒、茄子、烟草等植物。国内分布于东北、华北及陕西、江西等地，国外分布于朝鲜半岛、日本和印度等国家。

【为害状】幼虫为害寄主植物叶片，造成缺刻和孔洞，影响植物生长，并排泄粪便污染植株。

【形态特征】

成虫：体长 15 ～ 16mm，翅展 35mm，头部和胸部灰黄褐色，腹部黄褐色。前翅深灰褐色，基线褐色微白，内横线在中室以后呈银白色内斜，内、外横线间在中室下方棕褐色，肾形纹褐色，外侧有 1 银色纵纹，中室后缘有 1 个凹槽形银白色斑。后翅褐色。

卵：半球形，直径约 0.5mm，初产时乳白色，后变淡黄色，有纵棱和横脊。

幼虫：大多数 5 龄；末龄幼虫体长 30 ～ 34mm，头较小，黄绿色，两侧具

银锭夜蛾成虫

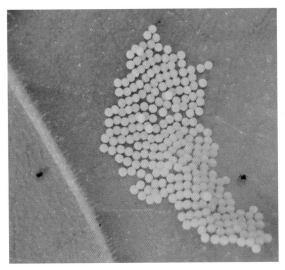

银锭夜蛾卵

银锭夜蛾幼虫结茧

灰褐色斑；背线、亚背线、气门线和腹线黄白色，气门线尤明显。各节间黄白色，毛片白色，气门筛乳白色，围气门片灰色，腹部第八节背面隆起，第九、十节缩小，胸足黄褐色。腹足3对，均与体同色。

蛹：体长17～18.3mm，体宽5.1～5.7mm，初蛹绿色，腹面逐渐变黄绿色，体背节间出现褐色，后期腹面浅黄褐色，背面褐色，羽化前可见翅面灰白色锭纹，腹末钩状毛6根，中间2根长，其余4根短。

【发生规律】在内蒙古、吉林、黑龙江、河北等地1年发生2代，以蛹在枯枝落叶间、土缝中、土块下等隐蔽场所越冬。在吉林长春地区5月下旬始见成虫羽化，6月中下旬进入越冬代成虫盛发期，7月中下旬为第一代幼虫为害盛期，8月中下旬为第二代幼虫盛发期，有较明显的世代重叠现象。成虫昼伏夜出，白天多静伏在植株间或草丛中，有趋光性、趋蜜源植物等习性；在日平均气温为25.7℃时，幼虫期14～18d，幼龄幼虫能吐丝下垂转移为害，受惊易落，有假死性，四至五龄幼虫进入暴食阶段，可将叶片吃光仅剩叶柄，行走时背拱曲呈弓形，老熟幼虫多在叶背面吐丝做白色薄茧，并化蛹于其中，蛹期8～9d。

【防治方法】（1）及时清除田间和地头杂草，灭卵和初孵幼虫。（2）幼虫一至二龄期喷洒苏云金杆菌制剂。（3）化学防治：参考烟青虫。

07 | 甜菜夜蛾

甜菜夜蛾（*Spodoptera exigua*）属鳞翅目（Lepidoptera）夜蛾科（Noctuidae）。寄主范围广，多达170余种，如烟草、棉花、甜菜、玉米、大豆、花生、苜蓿以及多种蔬菜。在我国东北、华北、西北、华中等多个省份均有分布，其中河北、河南、山东和陕西关中等黄河流域省份的局部地区发生为害较重。甜菜夜蛾源于南亚地区，常年发生于亚热带地区，并经常在温带地区大发生。

【为害状】以幼虫食叶为害，初龄幼虫群集叶背吐丝结网取食叶肉，只留上表皮，呈透明小孔，严重时吃成网状；四龄后进入暴食期，常将叶片咬成不规则孔洞甚至将叶片全部吃光，仅剩叶脉或光秆，被害处有细丝缠绕的粪屑。

【形态特征】

成虫：体长10~14mm，翅展25~30mm。体和前翅灰褐色，前翅外缘线由1列黑色三角形小斑组成，外横线与内横线均为黑白2色双线，肾状纹与环状纹均黄褐色，有黑色轮廓线。后翅白色，翅缘略呈灰褐色。

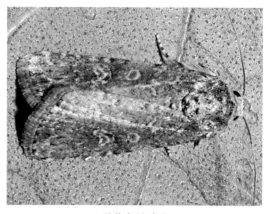

甜菜夜蛾成虫

卵：圆球形，卵粒重叠，呈多层卵块，有白色茸毛覆盖。

幼虫：老熟幼虫体长30mm，体色变化大，有绿色、暗褐色、黄褐色或黑褐色等，幼龄时，体色偏绿。头褐色，有灰白斑。前翅背板绿色或煤烟色。胴部有不同颜色背线，或不明显，气门下线为绿色或黄粉白宽带。气门后上方有圆形小白斑。

蛹：长约10mm，三至七节背面和五

甜菜夜蛾幼虫（司升云提供）

至七节腹面有粗刻点。臀刺2根，呈叉状，基部有短刚毛2根。

【发生规律】甜菜夜蛾在我国从南往北年发生代数逐渐减少，广东10~11代，福建8代，湖南和安徽5~6代，山东南部和江苏北部5代，黄河中下游地区4~5代，世代重叠严重。受气候条件、栽培制度等因素影响，在我国不同地区的主要为害时期及主害代不一样。在河南、河北、北京等北方地区，7~8月为害最重。在苏北地区，一至三代幼虫种群数量小，四代开始迁入大田发生为害，数量逐渐上升，五代数量达到全年高峰，构成当地主害代；在大发生年份，该地区四代成为主害代。在南方地区如广东，对蔬菜的为害时间明显提前，以5~8月为害严重。各地区第一、二代世代比较明显，以后各代世代重叠严重。在福建，4~5月第一代虫源开始出现，但虫口密度低，主害代为第二代，发生期为5~6月。

甜菜夜蛾幼虫共5龄，但随着环境的改变龄期可能延长为6龄或7龄。初孵幼虫结疏松网群集其中，三龄开始分散为害，四至五龄蚕食叶片，有时也啃食花瓣、茎秆，食量大增，是主要为害虫态。高龄幼虫受惊动后有假死性，具有自相残杀习性。一般低龄幼虫白天取食活动，而高龄幼虫白天大都藏匿于叶背、植株中下部或隐藏于疏松表土等处。幼虫有畏光性，喜早晨、傍晚和夜间取食为害，多在叶背活动。成虫昼伏夜出，上半夜最活跃，无风无光的夜晚最适其活动，趋光性强，趋化性弱，喜欢在寄主下层叶背、叶柄产卵，单或双层，覆有灰白色鳞片。可远距离迁飞。

【防治方法】（1）用甜菜夜蛾性诱剂和频振杀虫灯进行诱杀。（2）根据防治适期（初孵幼虫至二龄幼虫分散前）和幼虫昼伏夜出的习性，于傍晚重点对叶背、心叶和根际土壤处喷雾。可使用高效氯氰菊酯、氯虫苯甲酰胺和苏云金杆菌等杀虫剂。

08 | 东方黏虫

东方黏虫（*Mythimna separata*）属鳞翅目（Lepidoptera）夜蛾科（Noctuidae），异名 *Leucania separata*、*Pseudaletia separata*，俗称夜盗虫、行军虫等，分布于我国吉林、辽宁、黑龙江、陕西、山东、安徽、河南、湖北、湖南、福建、广东、广西、贵州、云南、陕西等烟区。其幼虫主要为害玉米、麦类、谷子、水稻等禾本科作物，大发生时也可为害烟草。一般年份各烟区发生轻，近年来，在云南和贵州个别地块发生较重。

东方黏虫幼虫及为害状

东方黏虫成虫

【为害状】为害烟草时，一至二龄幼虫剥食叶肉，将叶片食成小孔；三龄后蚕食叶片，形成缺刻和孔洞；五至六龄为暴食期，致使叶片残缺不全或吃光叶片。

【形态特征】

成虫：体长15～17mm，翅展36～40mm，头、胸部灰褐色，腹部暗褐色。前翅灰褐色或红褐色，中室内有两个淡黄色圆斑，分别为环形纹和肾形纹，肾形纹下方有1小白点，其两侧各有1个小黑点；翅缘有7个小黑点；自翅顶角斜向后缘有1条暗黑色短斜纹。后翅暗褐色，基部色渐淡。雄虫体稍小，体色较深。

卵：长约0.5mm，半球形，初产白色，渐变黄褐色，即将孵化时为灰黑色，卵粒单层排列，成行成块。

幼虫：老熟幼虫体长约38mm，头部黄褐色，中央沿蜕裂线有1"八"字形黑褐色纹，头壳有褐色网纹。体背有5条褐色纵条纹，背中央的背线白色较细，两侧各有2条黄褐色至黑色、上下镶有灰白色细线的宽纵带。亚背线与气门上线之间稍带蓝色，气门线与气门下线之间灰白色。腹足外侧有黑褐色斑。

蛹：长约19mm，纺锤形，红褐色。腹部五至七节背面前缘各有1列齿状刻点，臀刺4根，中央2根粗大，两侧的细短刺略弯。

【发生规律】全国各地发生世代数从北到南依次增多，2～7代不等。在我国东半部33°N以北的地区不能越冬，虫源

东方黏虫幼虫

由南方迁飞而来。云南红河建水县6月下旬初为发生高峰。福建上杭、龙岩和永定在苗期和移栽期为害烟苗，春烟区从移栽到返苗期为害普遍。在吉林龙井7月上旬是为害盛期。在湖北5月为害烟草。在河南许昌5月和8月幼虫出现，能轻度取食叶片。

黏虫不耐高温和低湿。喜中温中湿，各虫期适宜温度为10～30℃，最适温度是19～25℃，相对湿度在85%以上。在其产卵和幼虫孵化期多雨、高湿、温度适宜，有可能发生量大。其天敌有黑卵蜂、赤眼蜂、黏虫白星姬蜂、寄蝇、步甲和蜘蛛等，对其发生有明显的控制作用。

【防治方法】在做好异地测报的基础上，抓住三龄幼虫以前及时防治。(1) 及时清除烟田田边和田中的禾本科杂草。(2) 在成虫盛发期，每667m²设置1个糖醋酒液诱杀盆（白酒1份、水2份、糖3份、醋4份，制作完毕后，加入少许杀虫剂，混匀），也可用频振杀虫灯诱杀。(3) 在初孵幼虫至二龄幼虫期，使用8 000IU的苏云金杆菌（Bt）可湿性粉剂500～1 000倍液喷雾。(4) 为保护天敌，可选用25%灭幼脲3号胶悬剂1 000～1 500倍液，或5%灭幼脲4号悬浮剂4 000～5 000倍液喷雾，或用20%氯虫苯甲酰胺悬浮剂5 000倍液喷雾。

09 | 红棕灰夜蛾

红棕灰夜蛾（*Sarcopolia illoba*）属鳞翅目（Lepidoptera）夜蛾科（Noctuidae），异名 *Polia illoba*，别名桑夜盗虫，可为害大豆、棉花、苜蓿、甜菜、豌豆、桑、胡萝卜、烟草等。主要分布在东北、华北、华东和华中等地。

【为害状】以幼虫为害烟草，一、二龄幼虫群集在叶背啃食下表皮和叶肉，使叶片呈细网状，三龄后分散为害，食

红棕灰夜蛾为害状

量增加，使叶片出现孔洞和缺刻，严重时将叶片全部吃光，也可为害花和果。

【形态特征】

成虫：体长 15～17mm，翅展 38～41mm，头、胸及前翅红褐色，腹部及后翅灰褐色，前翅环纹和肾状纹椭圆形，不明显。外横线棕色，锯齿形。亚缘线深褐色，较粗。后翅褐色，基部较浅。

红棕灰夜蛾成虫

红棕灰夜蛾幼虫

卵：球形，直径约为 0.3mm。初产时黄白色，后变为淡褐色。

幼虫：老熟幼虫体长 39～43mm。头褐色，体色淡绿至黄褐色，两侧气门线淡黄色或白色，较宽而明显，亚背线和气门上线均由黑褐色小圈组成。

蛹：长约 20mm，纺锤形，浅褐色，腹末有臀刺 1 对。

【发生规律】该虫在东北 1 年发生 2 代。以蛹在土中越冬，翌年 5 月上中旬羽化，6 月上旬出现第一代幼虫，开始为害叶片。第二代成虫于 7 月下旬至 8 月上旬出现，8 月下旬至 9 月中旬是第二代幼虫为害盛期，10 月上旬化蛹越冬。成虫昼伏夜出，白天大多潜伏在植株茂密的叶丛、杂草丛和土壤间隙等隐蔽场所，黄昏时开始取食、飞翔，对黑光灯趋性弱。喜在高大植株上产卵，卵块产于叶面或嫩梢上，每卵块有卵 150 粒左右。初孵幼虫群集于叶背取食叶肉，三龄后分散为害，四龄时出现假死性，遇惊扰即蜷缩身体呈环状。老熟幼虫入 6～7cm 深的土层做茧化蛹。

【防治方法】（1）冬季翻土，消灭越冬蛹，可减少来年虫口基数；结合田间操作，及时摘除卵块和人工消灭初孵幼虫与大龄幼虫。（2）化学防治：参考烟青虫。

10 | 人纹污灯蛾

人纹污灯蛾（*Spilarctia subcarnea*）属鳞翅目（Lepidoptera）灯蛾科（Arctiidae），别名红腹白灯蛾、桑红腹灯蛾，其寄主植物包括烟草、玉米、芍药、萱草、鸢尾、菊花、月季等。主要分布于华东、华南、华北和西南地区。

【为害状】以幼虫啃食叶肉，二龄之前聚集为害，三龄后分散，取食叶片形成缺刻和孔洞。

【形态特征】

成虫：雌虫体长20～23mm，翅展55～58mm；雄虫体长17～20mm，翅展46～50mm。雌虫触角羽毛状；雄虫触角短、锯齿状。头、胸部黄白色，腹部背面呈红色。前翅黄白色，前翅靠近外缘有斜列黑点，两翅合拢时呈"人"字形，故名；后翅淡红色或白色，前、后翅背面均为淡红色。

人纹污灯蛾成虫

卵：扁圆形，淡绿色，直径0.6mm左右。

幼虫：头部黑色，胴部淡黄褐色，背线不明显，亚背线暗绿色，体上密生棕黄色长毛。

【发生规律】人纹污灯蛾1年发生2～6代，以蛹在土表层或枯枝落叶内越冬；翌年4～6月成虫羽化，第一代幼虫在5～6月开始为害。成虫有趋光性。卵产在叶背，呈块状，每块有卵数十粒至百余粒不等；初孵幼虫有群集性，稍后分散，老熟幼虫在落叶或土壤腐殖质内化蛹越冬。

【防治方法】（1）精耕细作，翻耕土地，消灭越冬虫蛹。（2）在田间安放杀虫灯或使用糖醋酒液诱杀成虫。（3）药剂防治参考烟青虫防治方法。

人纹污灯蛾幼虫

11 | 红缘灯蛾

红缘灯蛾（*Amsacta lactinea*）属鳞翅目（Lepidoptera）灯蛾科（Arctiidae），别名红袖灯蛾、红边灯蛾。其寄主植物包括烟草、白菜、甘蓝、棉花、玉米、大豆、茄子、葱、麻、柑橘、菊花、百日草、千日红、鸡冠花、梅花、凤尾兰等。分布于全国各地。

【为害状】幼虫孵化后常常群集为害，直到三龄幼虫以后才分散为害，取食叶片成缺刻或孔洞，严重时将叶片吃光。

【形态特征】

成虫：体长约25mm，展翅50～67mm。头颈部红色，腹部背面橘黄色，腹面白色。翅表面白色，前翅前缘具明显红色边缘。前翅白色，前缘鲜红色，中室上角有1个黑点。雄虫后翅具2个黑点，雌虫则有4个。

红缘灯蛾成虫

卵：圆球形，淡黄色，产在植物叶背面，成块排列。

幼虫：老熟幼虫体长约40mm，红褐色至黑色，有黑色毛瘤，毛瘤上丛生棕黄色长毛。

蛹：长椭圆形，黄褐至黑褐色。

【发生规律】北方1年发生1代，于翌年5～6月开始羽化，成虫夜晚活动，具趋光性和补充营养习性。产卵呈块状。初孵幼虫群

红缘灯蛾幼虫

红缘灯蛾茧

红缘灯蛾蛹

集取食，遇惊扰时吐丝下垂，借风力扩散为害。三龄以后蚕食叶片，使叶片残缺不全。老熟幼虫在树皮下和土坎、墙壁、土壤缝隙中化蛹。成虫出现于4～6月和9～10月，以蛹越冬。

【防治方法】（1）烟草采收后及时耕翻，清除残株，铲除杂草。（2）使用杀虫灯诱杀成虫。（3）化学药剂参考烟青虫防治方法。

12 | 茄二十八星瓢虫

茄二十八星瓢虫（*Henosepilachna vigintioctopunctata*）属鞘翅目（Coleoptera）瓢虫科（Coccinellidae）。可为害茄科、十字花科和豆科植物，其中茄子、番茄、马铃薯、辣椒、烟草等常受害较重。在我国辽宁、河南、山东、陕西、江苏、浙江、安徽、四川、江西、湖南、湖北、福建、台湾、广东、广西、海南、贵州、云南、西藏等地均有分布；国外主要分布于韩国、日本、印度、尼泊尔、缅甸、泰国、越南、印度尼西亚、新几内亚、澳大利亚等国家。

【为害状】成虫和幼虫均可为害，在叶背剥食叶肉。发生较轻时，仅取食叶肉，残留叶片上表皮，使叶片呈网状失绿斑块；为害重时，叶肉被吃光，只剩下叶脉，呈网格状，受害叶片逐渐干枯、变褐，甚至全株死亡。初孵幼虫具有群集性，多集中于叶背面取食，三龄后逐渐分散，老熟幼虫倒挂在叶背化蛹。以三至四龄幼虫取食量最大。

茄二十八星瓢虫成虫产卵

【形态特征】

成虫：体长5.2～7.4mm，宽4.6～6.2mm。背面黄褐色。前胸背板上有7个黑色斑点，在浅色的个体中，斑点部分消失以至全部消失，在深色的个体中，斑点扩大、连合以至前胸背板黑色而仅留有浅色的前缘及外缘。每个鞘翅上有14个黑色斑点，斑点近于圆形，其中第二列4个黑斑呈一直线，可与马铃薯瓢虫进行区分。腹面黄褐色，上颚末端、后胸腹板后角或后面部分黑色，但一些个体黑斑扩大至整个后胸腹板，至腹基部也为黑色，黑色部分甚至延及后足股节基部。虫体周缘近似于心形或卵形，背面拱起。鞘翅端角与鞘缝的连合处呈明显的角状突起。后基线近于完整，其后缘达腹板的5/6而后弧形上弯。雄性第五腹板后缘平截或稍内凹，第六腹板后缘有缺切；雌性第五腹板后缘平截或中央微突，第六腹板中央纵裂。

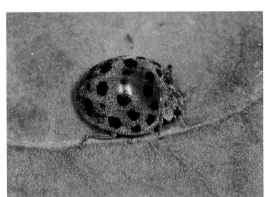

茄二十八星瓢虫成虫

茄二十八星瓢虫幼虫（JungleCat提供）

卵：长椭圆形或子弹形，初产淡黄色，后变黄褐色。

幼虫：老熟幼虫淡黄色，纺锤形，背面隆起，体背各节生有整齐的枝刺，前胸及腹部第八至九节各有枝刺4根，其余各节为6根。

蛹：淡黄色，椭圆形，尾端包着末龄幼虫蜕的皮，背面有淡黑色斑纹。

【发生规律】茄二十八星瓢虫在北方1年发生2代，长江流域1年发生3～5代，福建和广西每年发生4~5代，广东每年发生5代。在华南地区无越冬现象，在北方地区以成虫在石缝、树皮缝和土穴等缝隙中越冬。成虫和幼虫常在叶背和其他隐蔽处活动。成虫产卵期很长，卵多产在叶背，常20~30粒直立成块。成虫可分泌黄色黏液，具假死性，有一定的趋光性，但畏强光。幼虫共4龄，老熟幼虫在叶背或茎上化蛹，幼虫比成虫更畏强光，成虫、幼虫均有自相残杀及取食卵的习性，多数老熟幼虫在植株中、下部和叶背面化蛹。

茄二十八星瓢虫蛹

【防治方法】在越冬代成虫发生期、一代幼虫孵化盛期和幼虫分散前及时防治，效果较好，可选用2.5%溴氰菊酯乳油3 000倍液、10%氯氰菊酯乳油1 000倍液、2.5%高效氯氟氰菊酯乳油3 000倍液等进行防治。

13 马铃薯瓢虫

马铃薯瓢虫（*Henosepilachna vigintioctomaculata*）属鞘翅目（Coleoptera）瓢虫科（Coccinellidae）。寄主范围广，为害茄科、十字花科、禾本科、葫芦科等13科29种作物，其中对马铃薯、茄子等茄科作物为害最大，也可为害烟草，但仅零星发生。马铃薯瓢虫主要分布在东北、华北和西北等地区。

【为害状】同茄二十八星瓢虫。

【形态特征】

成虫：体长7~8mm，半球形，赤褐色，体背密生短毛，并有白色反光。前胸背板

马铃薯瓢虫成虫为害状

中央有1个较大的剑状纹，两侧各有2个黑色小斑（有时合并成1个）。两鞘翅各有14个黑色斑，鞘翅基部3个黑斑后面的4个斑不在一条直线上；两鞘翅合缝处有1~2对黑斑相连。

卵：子弹形，初产时鲜黄色，后变灰褐色，卵块中的卵粒排列较松散。

马铃薯瓢虫成虫

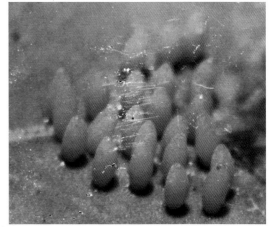

马铃薯瓢虫卵

幼虫：共4龄，黄色，纺锤形，背面隆起，体背各节有黑色枝刺，枝刺基部有淡黑色环状纹。

蛹：长约6mm，椭圆形，淡黄色，背面有稀疏细毛及黑色斑纹。尾端包着末龄幼虫蜕的皮。

马铃薯瓢虫幼虫

马铃薯瓢虫蛹

【发生规律】马铃薯瓢虫在黑龙江、山西等地每年发生1~2代，山东南部、江苏1年发生3代，气温偏高年份可发生4代，世代重叠严重。以成虫在发生地附近背风向阳的各种缝隙或隐蔽处如树丛、树洞、岩缝、篱笆等场所群集越冬。越冬成虫在日平均气温超过16℃时开始活动，超过20℃则进入活动盛期，活动初期成虫只在越冬场所附近的杂草上取食，5～6d后开始飞至周围田块。成虫假死性强，早晚静伏，可分泌有特殊臭味的黄色液体。幼虫孵化后先集中在产卵叶片背面为害，稍大则分散，老熟幼虫在叶背或茎部化蛹。成虫和幼虫均能取食自己的卵。温度和湿度是影响马铃薯瓢虫发生轻重的主要因子，初冬与早春寒冷干燥则造成越冬成虫大量死亡，夏季降雨次数多、降水量大、日平均气温在20～25℃时，适宜成虫、卵和幼虫的发生。

【防治方法】（1）及时清除烟田的寄主杂草和残株，降低越冬虫源基数。（2）根据成虫的假死性，可以扑打植株，捕杀成虫；或人工摘除叶背上的卵块和植株上的蛹，集中杀灭。（3）掌握在马铃薯瓢虫幼虫分散之前用药，若连续用一种药2次以上，则注意轮换使用不同作用机制的杀虫剂。选用的药剂种类参考茄二十八星瓢虫。

14 | 大灰象甲

大灰象甲（*Sympiezomias velatus*）属鞘翅目（Coleoptera）象甲科（Curculionidae）。除为害烟草外，还为害棉花、玉米、花生、马铃薯、辣椒、甜菜、瓜类、豆类、草莓、苹果、梨、柑橘、核桃、板栗、枣、杨、柳、槐、泡桐、麻类等多种植物。分布在我国黑龙江、吉林、辽宁、内蒙古、山西、河北、河南、江苏、浙江、江西、福建、湖北、湖南、广西、广东等省份。

【为害状】主要以成虫为害烟草叶片，幼虫于土中食害烟根和腐殖质。成虫咬食叶片呈孔洞和缺刻，严重时整株叶片被吃光，顶芽被咬断，造成缺苗断垄，影响烟叶的生长发育。

大灰象甲成虫为害状

【形态特征】

成虫：体长8～12mm，灰黄至灰黑色，密被灰白色鳞片。头部和喙密被金黄色鳞片，触角膝状，11节，端部4节膨大呈棒状，着生于头管前端，柄节纳入喙沟内。复眼黑色，大而凸出。前胸两侧略凸，中央具1条细纵沟。鞘翅近卵圆形，具有褐色云斑，鞘翅上各有10条纵刻点列。雄性鞘翅末端和腹末均较钝圆，雌性均尖削。后翅退化。

大灰象甲成虫

卵：长约1.2mm，长椭圆形，初产时为乳白色，后渐变为黄褐色，近孵化时乳黄色，20～30粒成块。

幼虫：体长约17mm，乳白色，头部米黄色，无足，肥胖，弯曲，胴部一至三节两侧各有毛瘤1个，其间有横列刚毛6根，以后各节各有横列刚毛8根。末节分3部分，中间为臀板，近圆形，上生4根横列刚毛，肛门上方两根。体腹面亦有刚毛。

蛹：长约10mm，长椭圆形，初为乳白色，后变为灰黄色至暗灰色。头管下垂达前胸。头顶及腹背疏生刺毛，尾端向腹面弯曲。末端两侧各具1刺。

【发生规律】一般1年发生1代，少数寒冷地区2年发生1代。发生1代者以成虫于土中越冬，4月开始出土活动，群集于烟苗基部取食烟草的幼苗、新芽、嫩叶并交尾，白天多隐蔽在土块下、土缝中或栖息在叶的背面，傍晚和清晨最活跃。成虫具隐蔽性、群集性和假死性，具多次交尾习性。5月下旬开始产卵，雌虫产卵时用足将叶片从两侧向内折合，将卵产在合缝中，分泌黏液将叶片黏合在一起。每雌可产卵百余粒。卵期1周左右。幼虫孵化后入土生活，取食腐殖质和须根，至晚秋老熟于土中化蛹，羽化后不出土即越冬。2年发生1代者第一年以幼虫越冬，第二年为害至秋季老熟并化蛹，成虫羽化，然后以成虫越冬。一般在沙壤土、山坡岗地以及耕作粗放、土块较多的烟地发生较多。

【防治方法】（1）在大灰象甲成虫发生期，利用其群集性和假死性，在田间管理时注意捕杀。（2）于成虫为害盛期，在叶面和烟株基部喷施甲氨基阿维菌素苯甲酸盐或高效氯氟氰菊酯等药剂。

15 | 金盾龟金花虫

金盾龟金花虫（*Aspidomorpha furcata*）属鞘翅目（Coleoptera）铁甲科（Hispidae），又名金盾圆龟金花虫、甘薯台龟甲、甘薯梳龟甲。分布于我国南方多个省份，仅零星发生；国外分布于日本、越南、印度、斯里兰卡、菲律宾及中南半岛。主要为害甘薯、蕹菜、旋花、烟草等植物。

【为害状】成虫和幼虫取食叶片，形成孔洞与缺刻，影响植株生长，干旱季节为害更重。

【形态特征】

成虫：体长约7mm。触角淡黄色，端部黑色，体形近圆形，翅鞘与前胸背板几乎透明，光泽强；腹部呈盾形，体背部分橙黄色或具红斑，形似金盾。中央体背有强烈的黄绿色金属光泽。头小，常隐于前胸下。前胸背板近圆形，光滑无刻点。两鞘翅的黑底形成U形。有时

金盾龟金花虫成虫

在翅端的中缝处不完全汇合，中缝两侧有不规则的黑斑。侧视可看到翅缝近基部后方有一枚突起。

卵：乳白色，长椭圆形，长0.8mm，宽0.3mm，卵块呈长方形。卵粒间均有一层胶膜隔开，排列规则。

幼虫：共5龄。一龄黄白色，体长1.7mm，体宽0.8mm，虫体周缘具16对纤细枝刺，尾叉1对，翻卷于体背。五龄青绿色，体长6mm，体宽3.5mm，前胸前端两侧的眼凹中有T形黑斑，眼凹，后缘弯月形，漆黑色。

蛹：黄白色，由前胸背板前缘至腹末长约6.5mm。边缘有30～40对硬刺，幼虫蜕壳翻卷于蛹体背面。腹部5节可见，每腹节有气门1对，腹节两侧扩伸成板刺状。

【发生规律】在我国，金盾龟金花虫1年发生世代数因地区差异较大，为4～6代。以成虫在田边杂草、枯叶、石缝或土缝中越冬，翌年4～5月出蛰。成虫和幼虫均为害寄主叶片，严重时吃尽叶片，造成缺苗。分布于平地至低海拔山区，常栖息于山樱树、甘薯叶、牵牛花等植物上，有时迁移到烟田为害烟草。喜欢群聚，活动敏捷，受到扰动就飞离，但不久又回到原来的寄主上。

【防治方法】（1）铲除杂草，清洁田园。（2）利用成虫假死性，于清晨露水未干时，采用各种器具盛黏土浆、石灰水等，承接被击落的成虫。（3）在整地施基肥或追肥时，每667m²用5%辛硫磷颗粒剂5～7kg施于烟田土壤中。

16 | 甘薯腊龟甲

甘薯腊龟甲（*Laccoptera quadrimaculata*）属鞘翅目（Coleoptera）铁甲科（Hispidae），别名甘薯褐龟甲、甘薯大龟甲，分布于我国福建、江苏、湖北、浙江、台湾、广东、广西、重庆、四川、贵州、海南等地区。为害甘薯、烟草等植物。

【为害状】成虫、幼虫取食叶片，形成缺刻与孔洞，边取食边排粪便，虫口密度较大时满田叶片穿孔累累，影响植株生长。

【形态特征】

成虫：体长10mm左右，棕黄色，深浅不一。前胸背板两个小黑斑处于盘区两侧，有时缺如。鞘翅有多处黑斑，但变异较大，鞘翅刻点较多且密集，通常无规则。

甘薯腊龟甲成虫

卵：长约1.5mm，宽0.5～0.7mm，椭圆形，两端细小，褐色，覆于黄褐色胶膜中，单粒，也有2粒并列一起的。

幼虫：共5龄。幼虫体扁平，黄色至黄褐色，末龄体长8～9mm，体宽7.5～8mm，椭圆形，黑褐色。体周缘有16对黄褐色棘刺，尾须1对。前胸背板前方有1对凹陷且不规则的半圆形眼斑。各龄蜕皮壳成串黏留于尾须上。体背覆盖有略呈等腰三角形的排泄物。

蛹：淡黄褐色，前胸背板扁平，周缘着生硬刺，腹节两侧扩展成板状刺，蜕皮壳成串翻卷于蛹体背面。

【发生规律】在南方1年发生5～6代，常有世代重叠现象，无明显的冬眠。成虫将卵鞘产于叶背，每卵鞘内有卵2～4粒。成虫和幼虫均为害烟草。广东每年3月中旬和福建5月上中旬田间成虫陆续出现，9月上中旬成虫盛发。高温干旱季节此虫发生为害猖獗。幼虫活动性小，发生为害严重时，满田烟叶孔洞累累，影响烟株生长。

【防治方法】（1）收获后及时清洁田园和田边杂草，可消灭部分越冬虫源。（2）成虫盛发时，于黄昏喷洒90%敌百虫晶体1 200倍液，也可选用拟除虫菊酯类杀虫剂进行防治。

17 | 大 蟋 蟀

大蟋蟀（*Brachytrupes portentosus*）属直翅目（Orthoptera）蟋蟀科（Gryllidae），又名花生大蟋，国内分布于广东、广西、福建、台湾、云南、江西等地。食性广泛，为害烟草、甘薯、花生、玉米、豆类、瓜类等多种旱地作物幼苗，是旱地作物的重要害虫之一。

【为害状】成虫和若虫均为害茎和叶，为害叶片呈缺刻或孔洞，有时咬断整株幼苗，造成缺苗断垄。

【形态特征】

成虫：体长38～44mm，体大型，赤褐色，粗壮。头半圆形，单眼3个，并列在同一水平线上。头部较前胸开阔，复眼之间具Y形浅沟。触角丝状，较虫体稍长。前胸大，中央具1纵沟，两侧各具1个三角纹。足粗短，后足腿节强大，胫节具两列刺状突起，每列4～5个。腹部尾须长而稍大，雌虫产卵管短于尾须。

大蟋蟀成虫

卵：长4.5mm左右，浅黄色，近圆筒形，稍有弯曲，两端钝圆，表面平滑。

若虫：外形与成虫相似，体色较淡，随龄期增长体色逐渐转深。若虫共7龄，翅芽出现于二龄以后，若虫的体长与翅芽的发育随龄期的增大而增长。

【发生规律】大蟋蟀在福建、广西等地1年发生1代，以三至五龄若虫在土穴内越冬。在福建，越冬若虫3月上旬开始活动，3～5月是取食盛期。5～6月成虫陆续出现，7月为羽化盛期，7～8月为产卵盛期，9月产卵渐止。8月若虫开始孵化，9月为孵化盛期，

10～11月若虫常出土取食，12月初开始越冬。越冬时，近0℃的夜晚有些若虫仍会出土觅食。

大蟋蟀喜在疏松的沙土地造穴匿居。穴的深浅与虫龄大小、土质和土温等有关，一般幼龄若虫的穴浅，末龄若虫和成虫的穴深，低温和冬季时更深；表土层薄的黏质土壤穴浅，表土层厚的沙质土壤穴深，且穴多弯曲。生长季节穴深一般20～60cm，冬季深达120cm左右。

成虫有趋光性和夜出性，凶猛，有自相残杀习性。除交配和若虫刚孵化时外，一般1穴1虫。成虫、若虫在夜间用足扒开洞口的松土，爬出取食。除就地咬食外，还常将一些食物带回洞内，有时也会把咬断的嫩茎弃于洞外。入洞时，用后足把洞内泥土向后扒堵住洞口，洞口外形成松土堆。

卵产于穴底，常30余粒成堆。单雌产卵500粒以上。卵发育历期为15～30d。

初孵若虫常20～30头群栖于洞穴中，以雌虫储备的食料为食，孵化后不久便分散营造洞穴独居。三龄前食量小，洞穴分布较为集中，四龄后食量大增，洞穴比较分散。若虫发育历期为8～9个月。

【防治方法】（1）翻地灭卵：蟋蟀的卵一般产于1～2cm深的土层中，冬、春季耕翻土地，将卵深埋于10cm以下的土层，若虫难以孵化出土，可明显降低孵化率。（2）灯光诱杀：蟋蟀具有趋光性，可用黑光灯诱杀。（3）毒饵诱杀：将90%敌百虫晶体溶解成30倍液，取药液1kg与15～25kg炒香的麦麸或饼粉拌匀，每667m² 3～5kg撒施。（4）堆草诱杀：利用蟋蟀若虫和成虫白天有隐蔽性的特点，将草堆在田间，翌日翻开草堆集中捕杀。（5）药剂防治：在蟋蟀二、三龄若虫期，在8时前、17时后喷施高效氯氟氰菊酯、溴氰菊酯等杀虫剂。

18 | 大扁头蟋

大扁头蟋（*Loxoblemmus doenitzi*）属直翅目（Orthoptera）蟋蟀科（Gryllidae）。国内分布于河北、河南、山东、陕西、山西、安徽、江苏、浙江、福建、广西、四川。可为害烟草、豆类、甘薯、草莓、花生、芝麻、棉花、蔬菜和果树苗木等。

【为害状】成虫和若虫均能为害茎、叶，也啃食根部等。受害幼苗常整株被咬断，造成枯死。

【形态特征】

成虫：雄性体长15～20mm，雌性体长16～20mm，前翅长9～12mm，体中型，黑褐色，雄虫头顶明显向前凸，前缘黑色弧形，边缘后具1橙黄色至赤褐色横带。颜面深褐色至黑色，扁平倾斜，中央具1黄斑，中单眼隐藏在其中，两侧向外突出呈三角形。前胸背板宽大于长，侧板前缘长，后缘短，下缘倾斜，下缘前有1黄斑。前翅长于腹部，内无横脉，斜脉2条或3条，侧区黑褐色，前下角及下缘浅黄色，具四方形发音镜。后翅细长伸出腹端似尾，脱落后仅留痕迹。足浅黄褐色，其上散布黑色斑点。前足胫节内、外侧

大扁头蟋成虫

大扁头蟋成虫及其洞穴

都有听器。雌性头顶稍向前凸，也向两侧凸出，致面部倾斜。前翅短于腹部，在侧区亚前缘脉具2分支，有6条纵脉。产卵管较后足股节短。

卵：长2.3～2.6mm，宽0.5～0.6mm，乳白色带黄色，长圆形稍弯，两端略尖。

若虫：灰褐色，具翅芽，形态与成虫相似。

【发生规律】每年发生1代，以卵在土壤中越冬，卵期长达7～8.5个月，长江以北和黄河流域于5月上中旬孵化，5月下旬至6月上旬若虫大量出土，若虫期62d，7～8月出现成虫，成虫期56d，9月中下旬产卵，产卵期持续34～45d，雌虫平均产卵量为131粒。具微弱趋光性。

成虫和若虫白天多潜藏在土块下、裂缝中和隧道内，尤喜隐藏在植物残茬或植物秸秆堆下，并有喜湿性。隧道一般长5～60cm，深2～7cm。成虫昼夜均鸣叫。一般多在夜间出来为害，阴天的白天也可取食。卵散产于土壤中，产卵深度1cm左右。一龄幼虫啃食叶肉留表皮，二、三龄后的若虫多从叶边缘啃食而造成缺刻。

【防治方法】参考大蟋蟀。

19 | 石首棺头蟋

石首棺头蟋（*Loxoblemmus equestris*）属直翅目（Orthoptera）蟋蟀科（Gryllidae），又名棺头蟋、小棺头蟋，在我国辽宁、北京、河北、陕西、江苏、安徽、上海、浙江、湖北、江西、湖南、海南、福建、广西、四川、云南和西藏等地均有分布。杂食性，寄主植物种类较多，为害多种农作物。

【为害状】成虫、若虫为害烟草幼苗的幼嫩根系、叶、茎和花等，造成为害部位呈缺刻或孔洞。

【形态特征】

成虫：雄性体长12～15mm，体宽3～5mm，体黑褐色。整个头部形似棺材前端的形状，额突向前呈半圆形突出，突出的端部黄褐色（黄褐色向两侧经复眼后方延伸达头后区），额区向唇基部倾斜呈斜截状。头顶后半部分黑色且具有6条淡黄色短纵纹，中间的2条淡黄色条纹相连呈W形，两侧的短纵纹与额突向后延伸的黄褐色纹相连，左边呈⌐形，右边呈⌐形。触角丝状，可达腹部末端，柄节端部靠外侧有尖突起。两触角之间的额区有1块近似倒"凸"字形的黄斑。前胸背板马鞍形，多具灰白色短茸毛，前、后缘具小颗粒和黑色毛，中间具1形状类似♂形的斑纹。前翅镜膜网状且具斜脉1条。腹部尾须较长，约为体长的2/3。胸、腹部腹板为浅黄色。

卵：长椭圆形，长2～3mm，宽1～2mm，初产乳白色，后呈暗褐色。

若虫：其外部形态特征同成虫。

【发生规律】1年发生1代，以卵在土中越冬。成虫、若虫多穴居于朝阳烟田的田中和田边的斜土坡中，穴居深度多在1～2cm之间，通常仅有一个逃避孔；孔道直径2～3cm，孔道的弯曲程度依地形而异，有的较直，有的稍弯曲；"卧室"较宽敞，洞穴入口至"卧

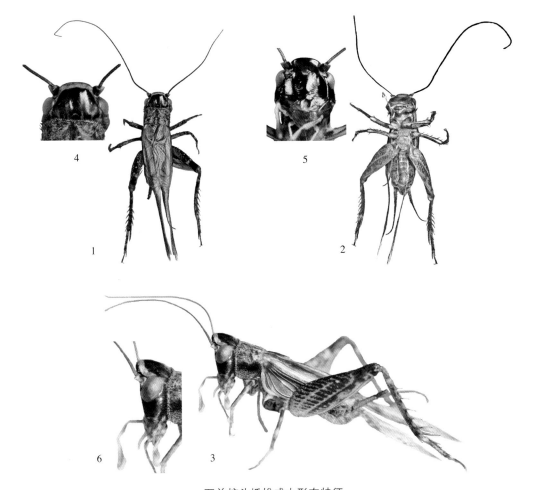

石首棺头蟋雄成虫形态特征
1.背面观　2.腹面观　3.侧面观　4.头部背面观　5.头部腹面观　6.头部侧面观

室"的角度约为45°；新建洞穴的洞口多具大小不等的新鲜土壤颗粒，离洞口越远，土壤颗粒直径越大。雌虫产200～300粒卵，常产卵于土中，每穴卵粒数量不等，10～30粒之间，每粒卵在穴中均呈直立状态，且每粒卵间的间隔距离几乎相等。若虫孵化后，寻找合适的地方另立新穴，通常在其一个世代中，如果巢穴未被破坏会长期使用该巢穴。成虫具趋光性。

【防治方法】（1）灯光诱杀：利用成虫的趋光性，采用灯光诱杀。（2）堆草诱捕：利用其喜栖于浮土、落叶下等环境中的习性，将10～20cm长的草把均匀地摆放在烟田株行间，翌日集中捕杀草把下的成虫，若在草把下放些毒饵则效果更佳。（3）土壤处理：每667m²用50%辛硫磷乳油0.25～0.50kg拌土处理。（4）毒饵诱杀：将90%敌百虫晶体溶解成30倍液，取1kg，与30～50kg炒过的麦麸或饼粉混匀，拌匀后在烟田撒施，每667m²用3～5kg。

20 | 台湾棺头蟋

台湾棺头蟋（*Loxoblemmus formosanus*）属直翅目（Orthoptera）蟋蟀科（Gryllidae），主要分布在我国浙江、台湾、湖南、广西和云南。杂食性，为害多种农作物，寄主植物种类较多。

【为害状】同石首棺头蟋。

【形态特征】

成虫：雄虫体长18～20mm，体宽4.2～4.7mm；雌虫体长14～18mm，体宽3.7～4.3mm，体均为黑褐色。头部的正面观似棺材前端的形状，但与石首棺头蟋相比额突更加明显，颊面无侧突。头顶后半部分黑色且复眼后侧各具1个大块黄斑（黄斑正中有1个小黑斑），中间有3条淡黄色短纵纹，呈 |⩘| 形。触角丝状，着生在两复眼近前端处，可达后翅端部甚至更长，柄节端部无突起。两触角间的额区有1块近似 ◯ 形的黄斑。前胸背板前缘黄色，其上着生有黑色毛，无颗粒状突起。沿背中线有1黑色似"Λ"形的斑，与前胸背板后缘的两个黑点形成 Λ 状。前翅呈镜膜网状且具斜脉2条。腹部尾须长6.2～7.5mm，约为体长的1/3，雌虫产卵瓣长8～10mm。胸、腹部的腹板均为浅黄色。

卵：长椭圆形，长2～3mm，宽1～2mm，初产白色，后呈淡褐色。

若虫：其外部形态特征同成虫。

【发生规律】1年发生1代，以卵在土中越冬。翌年5月开始孵化，孵化后的若虫多选择朝阳和不易积水的斜坡地带，穴居深度多在50cm左右。8～9月若虫大量羽化，但仍穴居于若虫时期的洞穴中。成虫鸣叫求偶，交配后约1周开始产卵，常产卵于土中，每穴卵粒数量不等，每雌产卵量约300粒。成虫具趋光性。

【防治方法】参考石首棺头蟋。

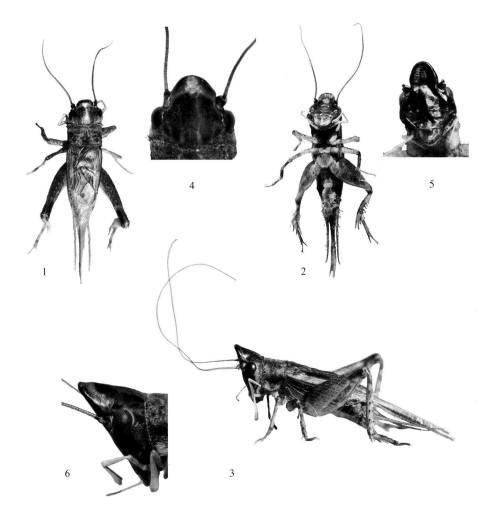

台湾棺头蟋雄成虫形态特征
1.背面观　2.腹面观　3.侧面观　4.头部背面观　5.头部腹面观　6.头部侧面观

21 ｜ 中华树蟋

　　中华树蟋（*Oecanthus sinensis*）属直翅目（Orthoptera）树蟋科（Oecanthidae），也称青竹蛉，主要分布于我国安徽、山东、河南、广东、云南、贵州、陕西等烟区。

　　【为害状】中华树蟋以成虫和若虫取食烟株幼嫩的组织，如嫩叶、生长点和花蕾，为害状不明显或形成小缺刻和孔洞。

　　【形态特征】

　　成虫：体长约20mm。体型纤细，头小翅宽，形似琵琶。雌虫比雄虫略肥胖。体通常嫩绿色或黄绿色，体色随虫龄增长逐渐变黄，秋季时变黄褐色。头部较前胸背板色淡，近后缘淡红色，带有红褐色细斑。口器前口式，明显前伸。复眼红紫色，内侧缘镶黄边。触角长25～30mm，约超过体长的2倍，基部无黑斑。前胸背板狭长，前窄后宽。前翅淡黄绿色，雄性宽而平，几乎透明，翅端宽圆，不达腹端；雌性狭长。后翅细长，雄性末端尖，明显超出前翅末端。3对足细长，前足胫节基部两侧具椭圆形听器。雄虫尾须超过后翅端部。雌虫产卵瓣平直，其长超过后足腿节，端部黑色。

中华树蟋雌成虫

中华树蟋绿色〔左〕、黄褐色〔右〕雄成虫

若虫：体型和体色似成虫，翅和外生殖器发育不完全。

【发生规律】 在山东烟田1年发生2代。自6月由周围环境迁入烟田，6月中下旬至7月上旬发生第一个高峰，7月中下旬和8月上旬数量低，随着在烟田定居与繁殖，8月中旬后逐渐增多，直到9月上中旬达高峰，以8～9月发生量大。在未用药的烟田发生量大，在频繁防治其他害虫的田块发生少或不发生。成虫、若虫以植物的嫩叶和生长点为食，雌虫常把卵产在植物的嫩枝内，田间烟株幼嫩组织多时，易招引成虫发生和产卵。成虫寿命约60d。该树蟋喜欢栖息于烟田周围的果树、林木和草丛中，白天在枝叶上爬行觅食。雄虫喜欢在夜间鸣叫。

中华树蟋若虫

【防治方法】（1）及时打顶抹杈，避免吸引大量成虫进入烟田或在幼嫩组织上产卵。（2）清除田边的杂草。（3）在成虫或若虫迁入烟田时或发生高峰前，用90％敌百虫晶体1 000倍液或拟除虫菊酯类杀虫剂喷雾防治，也可结合烟蚜等害虫的防治兼治。

22 短额负蝗

短额负蝗（*Atractomorpha sinensis*）属直翅目（Orthoptera）锥头蝗科（Pyrgomorphidae）。除为害烟草外，亦为害水稻、小麦、甘蔗、麻类、玉米等多种作物，我国多个烟区均有分布。

【为害状】以成虫、若虫为害烟草苗期和大田期叶片，造成缺刻或孔洞，影响植株生长。

短额负蝗为害状

【形态特征】

成虫：绿色或褐色，头尖削，绿色型自复眼起向斜下有1条粉红纹，与前、中胸背板两侧下缘的粉红纹衔接。体表有浅黄色瘤状突起。后翅基部红色，端部淡绿色。前翅长度超过后足腿节端部约1/3。

卵：长椭圆形，端部钝圆。黄褐至深黄色，卵壳表面呈鱼鳞状花纹，卵块外被褐色网状丝囊，卵粒在卵块内倾斜，排列成4纵行。

若虫：共4龄，一龄蛹体长6.75mm，体色草绿稍带黄，前、中足褐色，全身布满颗

短额负蝗成虫

短额负蝗若虫

粒状突起。二龄蝻翅芽呈贝壳形。三龄蝻翅芽为贝壳形重叠或扇形。四龄蝻翅芽尖端部向背方曲折。

【发生规律】 在江西烟区1年发生2代，以卵在沟边土中越冬。5月下旬至6月中旬为孵化盛期，7～8月羽化为成虫。喜栖于植被多、湿度大、双子叶植物茂密的环境，在灌渠两侧发生多。

【防治方法】 （1）发生严重地区，在春季和秋季铲除田埂和地边5cm以上的土及杂草，把卵块暴露在地面晒干或冻死，也可重新加厚地埂，增加盖土厚度，使孵化后的蝗蝻不能出土。（2）在测报基础上，抓住初孵蝗蝻在田埂和渠堰集中为害双子叶杂草，且扩散能力极弱时，每667m² 用20%氰戊菊酯乳油15mL，兑水40kg喷雾。（3）保护利用麻雀和青蛙等天敌。

23 | 中华稻蝗

中华稻蝗（*Oxya chinensis*）属直翅目（Orthoptera）斑腿蝗科（Catantopidae），别名台湾稻蝗，主要为害水稻、玉米、高粱、麦类、豆类和烟草等多种农作物。在我国分布于黑龙江、吉林、辽宁、内蒙古、陕西、甘肃、宁夏、河北、北京、天津、山东、山西、江苏、上海、浙江、安徽、河南、四川、重庆、贵州、湖北、湖南、福建、江西、广东、广西、海南、台湾等地。

【为害状】 以成虫、若虫咬食叶片，咬断幼芽。烟草被害叶片呈缺刻，严重时叶片被吃光。

【形态特征】

成虫：雌虫体长36～44mm，雄虫体长30～33mm。全身绿色或黄绿色，有光泽，头部两侧从复眼向后，延伸至前胸背板两侧有暗褐色纵纹。触角丝状，超过前胸背板后缘。前胸背板宽平，中隆线明显，3条横沟明显。前胸腹板突锥状，顶端较尖。前翅褐色，

中华稻蝗成虫

长超过后足胫节的中部，长约为宽的6.5倍。后翅略短于前翅，透明。后足腿节绿色，上隆线无细齿，下膝侧片的顶端呈尖锐刺状。

卵：块产，卵块外有短茄形卵囊，长9～16mm，宽6～12mm。卵粒长筒形，黄色，中央略弯，两端钝圆，长约4mm，宽1mm左右，分上、下两排，一般11～17粒。

若虫：多为6龄。一龄无翅芽；二龄翅芽不明显；三龄前翅芽三角形，后翅芽圆形；四龄前翅芽向后延伸，后翅芽下后缘钝角形，伸过腹部第一节前缘；五龄翅芽向背面翻折，伸达腹部第一至二节；六龄两翅芽已伸达腹部第三节中间，后足胫节有刺10对，产卵器背腹瓣发达。

【发生规律】中华稻蝗每年发生1代，以受精卵越冬。卵在5月上旬开始孵化，蜕皮5次，至7月中下旬羽化为成虫。再经半个月，雌雄开始交配。雌蝗一生可产1～3个卵块。卵块颇似半个花生，长13～20mm，直径6～9mm，每块含卵35粒左右。雌蝗产卵可延至9月，多产在田埂内。随着烟草的生长，蝗蝻和成虫都可以迁移到烟田为害。

【防治方法】（1）稻田附近田间杂草地是中华稻蝗的滋生地，因此铲除稻田周围荒地的杂草，是防治中华稻蝗的根本措施。（2）早春结合修田埂，铲除田埂3.3cm深的草皮，晒干或沤肥，以杀死蝗卵。（3）针对烟田蝗虫的防治，要注意在烟田周边施药，掌握三龄前若虫集中在田边杂草上时，选用90%敌百虫晶体700倍液或25g/L高效氯氟氰菊酯乳油2000倍液等药剂喷雾。通常烟田内蝗虫发生量较少，一般不需单独进行化学防治。

24 | 短角异斑腿蝗

短角异斑腿蝗（*Xenocatantops brachycerus*）属直翅目（Orthoptera）斑腿蝗科（Catantopidae）。分布于我国河北、甘肃、北京、陕西、山东、江苏、浙江、湖北、湖南、江西、福建、广东、广西、海南、四川、贵州、云南、西藏、台湾等地。主要为害烟草、水稻、甘蔗、甘薯、茶、茉莉、红桑、朱槿、木槿、肉桂、八角、板栗、油桐、桃、柚子、罗汉果、猕猴桃、金花茶、葛麻藤、艾、红背桐、飞机草、三叶五加、铁树、马尾松、木麻黄等。

【为害状】以成虫或若虫为害烟叶，造成缺刻或孔洞。

【形态特征】

成虫：雄虫体长18～21.5mm，前翅长15～18mm；雌虫体长24～29mm，前翅长19.5～23mm。体黄褐色或暗褐色，自前胸背板后缘沿后胸侧片具1淡色斜纹。前翅淡褐

色，具许多黑色小斑点。后翅基部淡黄
色。后足腿节外侧黄色，具两个完整的
黑色或黑褐色横条纹，腿节内侧红色，
具黑色横斑纹，胫节红色。体型较小，
复眼间头顶的宽度明显窄于触角间颜面
隆起的宽度，触角粗而短，不到达前胸
背板的后缘，中段一节的长度几乎等于
其宽度。前胸背板中隆线低，无侧隆线，
3条纵沟明显并割断中隆线。前胸腹板
突近圆柱形，略倾斜，顶端钝圆。前翅
较短，到达或略超过后足腿节端部。后

短角异斑腿蝗成虫及为害状

短角异斑腿蝗雌成虫侧面观

短角异斑腿蝗雄成虫背面、侧面观

短角异斑腿蝗成虫头部正面观

足腿节上侧上隆线具细齿。雄性尾须圆锥形，顶端较尖。

卵：卵囊近长圆柱形，卵土黄色或粉红色，较直或略弯曲，中部较粗，向两端略渐细，两端呈钝圆形。卵粒长4.5～5.7mm，宽1.2～1.5mm。

若虫：体型较成虫小，其他特征与成虫相似。

【发生规律】1年发生1代，以成虫越冬。若虫于5～6月出现，成虫盛发期为7～9月。卵多分散产于环境湿度适中的山麓和下部的土壤中。

【防治方法】（1）完善排灌设施，改造烟田环境，减少蝗虫产卵场所。（2）于蝗蝻发生盛期用10%高效氯氰菊酯乳油2 000～3 000倍液喷雾。（3）在若虫发生期，于上午露水未干前对蝗蝻进行人工捕杀。

25 | 疣　　蝗

疣蝗（*Trilophidia annulata*）属直翅目（Orthoptera）斑腿蝗科（Catantopidae）。国内主要分布于内蒙古、河北、北京、天津、宁夏、甘肃、陕西、山东、山西、江苏、浙江、安徽、江西、湖南、福建、广东、广西、海南、四川、云南、贵州、西藏。主要为害烟草、甘蔗、水稻、玉米、高粱、马铃薯、可可、椰子、桑柚木、雀草、狗牙根、菅草、水蔗草、炎炭母、钝叶草、象草、风车草、首乌、茶、柑橘、杉、苦竹、白菜、萝卜等。

【为害状】以成虫或若虫为害烟叶，造成缺刻或孔洞。

【形态特征】

成虫：雄虫体长11.7～18.5mm，前翅长12～19mm；雌虫体长15～26mm，前翅长15～25mm。体黄褐色、灰褐色或暗褐色，头、胸部常有暗色小斑点。前翅灰褐色，具明显的暗色横斑纹；后翅基部淡黄色，略带淡绿色。后足腿节内侧及底侧黑色，近顶端具两个窄的淡色斑纹；胫节暗褐色，具2个淡环纹，1个近基部，另1个近中部。体小型，头短，在复眼间具2个小圆粒状隆起。触角丝状，刚超过或超过前胸背板后缘甚远。前胸背板中隆线在沟前区较深地被横沟割断，侧观好像2个齿，其后齿较向后倾斜；侧隆线在沟后区明显，前胸背板后缘近于直角形。前、后翅超过后足胫节的中部。后足腿节上侧上隆线无细齿。尾须狭锥形，下生殖板短锥形。雌性产卵瓣粗短。

卵：卵囊近长柱形，直或略呈弧形弯曲，卵囊内有卵13～31粒；卵土黄色或黄白色，较粗短，直或略弯曲，中部较粗，向两端渐细，端部钝圆形；长3.8～4.5mm，宽1.1～1.5mm。

疣蝗成虫侧面观（雌）

疣蝗成虫侧面观（雄）

疣蝗若虫侧面观（雌）

疣蝗成虫头部正面观（雄）

若虫：体型较成虫小，其他特征与成虫相似。

【发生规律】在河北的北部山区1年发生1代，在平原南部1年发生2代，以卵越冬。江西1年发生1～2代，少数发生1代，以成虫、二至五龄若虫越冬或以卵在土壤中越冬。在广西1年发生3代，终年均可见到成虫，并以成虫越冬。9月到翌年2月疣蝗是田间的优势种之一。卵多分布在阳光充足、环境湿度偏低的田边荒地及路边、沟坡等土质较坚硬的土壤中，一般在植被覆盖度5%～20%的地面产卵较多。疣蝗喜食禾本科杂草，取食多在7～10时和14～18时。成虫除取食外，多在地面栖息活动，阴雨、低温或炎热天气很少活动。

疣蝗的适应性较强，能在多种环境中发生，其中以土壤潮湿、地势低洼、植被稀疏及菜园、道边等处发生较多。

【防治方法】参考短角异斑腿蝗。

26 | 印度黄脊蝗

印度黄脊蝗（*Patanga succincta*）属直翅目（Orthoptera）斑腿蝗科（Catantopidae）。分布范围广，国内主要分布于广西、广东、海南、江西、江苏、浙江、云南、贵州、福建、台湾等地。寄主范围广，包括烟草、甘蔗、玉米、水稻、花生、黄豆、小麦、粟、黍、茶、柑橘、椰子、木麻黄、桉树、白茅等。

【为害状】为害烟草叶片，造成缺刻或孔洞。

【形态特征】

成虫：雄虫体长41～48mm，前翅长46～57mm；雌虫体长55～63mm，前翅长63～70.2mm。体黄褐色至深褐色，体背自头顶至前翅有1条宽阔的淡黄色纵条纹，延至翅端。头、胸两侧黄色，向后与翅前缘黄纹相连。复眼下侧、前胸黄纹上下缘与翅缘黄带上侧均有黑纹。前翅端有斜列的黑褐色条斑，后翅基部紫红色。体大型，触角丝状，向后超过前胸背板后缘。前胸背板前缘略呈三角形突出，后缘圆弧形突出，中隆线明显，无侧隆线。3条横沟均明显切断中隆线，沟前区与沟后区等长或略长。前胸腹板突柱状，直或略向后倾斜，顶端尖。雄性后胸腹板侧叶后端毗连，雌性分开。前翅狭长，超过后足胫节中部。后足腿节较细长，上侧上隆线具细齿，后足胫节无外端刺。肛上板近三角形，具中纵沟。雄性尾须侧扁，顶略内弯，顶端微下指并呈钝圆形，雌性尾须短锥形。

印度黄脊蝗成虫侧面观（雌）

印度黄脊蝗成虫侧面观（雄）

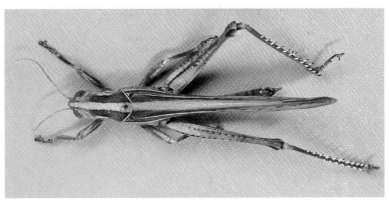

印度黄脊蝗成虫背面观（雄）

卵：初产卵为橘黄色，包被在白色泡沫状分泌物中，10～12h后卵和泡沫分泌物转为褐色。卵长5～6mm，直径1.5～1.6mm，卵囊圆柱形，长2.3～5mm，直径7mm，每个卵囊有卵21～204粒。

若虫：有7龄。一龄若虫头和足绿色，复眼黑色，前胸和腹部黄绿色，触角浅绿色，具黑色环；头部、前胸和腹部具小黑斑；体被较密集直立茸毛；体长6～7mm；触角13节。二龄若虫：体色与一龄若虫相近，但体背的两条色斑更明显，体长8～11mm，触角14～15节；三龄若虫体绿色并具大量黑斑，翅芽开始出现，体长10～14mm，触角16～17节；四龄若虫翅芽初现，体长15～20mm，触角21～22节；五龄若虫具翅芽，翅芽长

1.0～2.5mm，体长19～30mm，触角22～24节；六龄若虫翅芽长4～5mm，体长25～35mm，触角23～26节；七龄若虫翅芽覆盖中胸背板和后胸背板，翅芽长14mm，具2个暗色斑，上缘暗色，体长34～47mm，触角26～28节。

【发生规律】1年发生1代，以成虫越冬。成虫羽化后到翌年3月前后开始交配，产卵前可交配多次，每次交配持续20h。交配后3～4周开始产卵，卵多产于2～7cm深的潮湿土壤中，每雌可产卵1～3块，每个卵囊有卵96～152粒，最多达606粒，卵期35～67d。若虫多在夜间或凌晨孵化，新孵化的若虫可在几分钟内离开卵囊。若虫历期6～12周，成虫历期8～9周。

【防治方法】参考短角异斑腿蝗。

27 | 野蛞蝓

野蛞蝓（*Agriolimax agrestis*）属软体动物门（Mollusca）柄眼目（Stylommatophora）蛞蝓科（Limacidae），为世界广布种。在我国各地均有分布。寄主植物有烟草、棉花、麻、豆类、花生、油菜、薯类、蔬菜、茶、果、花卉、多种药用植物，也可为害部分食用菌。

【为害状】以幼体、成体为害苗床和烟田幼苗。轻者将苗床烟苗叶片食成缺刻和孔洞，影响烟苗移栽成活率，重者整株叶片被吃光。移栽后，有时将烟苗生长点和心叶吃尽，形成多头苗，造成大面积缺苗、断苗，严重影响烟苗生长和烟叶生产。

野蛞蝓为害状

【形态特征】

成体：伸直时体长30～60mm，体宽4～6mm；内壳长4mm，宽2.3mm。长梭形、柔软、光滑而无外壳，体表暗黑色、暗灰色、黄白色或灰红色。触角2对，暗黑色，上边1对长，约4mm，称后触角，端部具眼；下边1对短，约1mm，称前触角，有感觉作用。口腔内有角质齿舌。体背前端具外套膜，为体长的1/3，边缘卷起，其内有退化的贝壳（即盾板），上有明显的同心圆线，即生长线。同心圆线中心在外套膜后端偏右。呼吸孔在体右侧前方，其上有细小的色线环绕。黏液无色。在右触角后方约2mm处有生殖孔。

卵：椭圆形，直径2～2.5mm。白色透明，可见卵核，近孵化时色变深。

幼体：初孵幼体长2～2.5mm，淡褐色，体型同成体。

【发生规律】野蛞蝓在云南和贵州烟区1年发生2～6代。以成体或幼体在作物根部湿土下越冬。5～7月在田间大量活动为害，入夏气温升高，活动减弱，秋季气候凉爽后，又活动为害。在

野蛞蝓成体

野蛞蝓幼体

福建和广西等南方烟区无明显越冬现象，每年4～6月和9～11月有两个活动高峰期，梅雨季节是为害盛期。在北方7～9月为害较重。喜欢在潮湿和低洼烟田为害。完成1个世代约250d，5～7月产卵，卵期16～17d，从孵化至成体性成熟约55d。成体产卵期可长达160d。雌雄同体，异体受精，亦可同体受精繁殖。成体性成熟后即可交配，交配后2～3d产卵，卵产于湿度大且能隐蔽的土缝中，每隔1～2d产卵1次，约产1～32粒，每处产卵10粒左右，每个成体平均产卵量为400余粒。刚孵出的幼体1～2d内不活动，3d后即可爬出地面觅食。成体、幼体均畏光怕热，喜阴暗、潮湿和多腐殖质的环境，故靠近沟、塘、河边以及前茬为绿肥的烟田受害比较重。地势高，沙质壤土的烟田，发生量则少。强光下2～3h即死亡。夜间活动，从傍晚开始出动，22～23时达高峰，清晨之前又陆续潜入土中或隐蔽处。耐饥力强，在食物缺乏或不良条件下不吃不动，耐饥长达130d。当气温11.5～18.5℃和土壤含水量为20%～30%时，对其生长发育最为有利，阴暗潮湿的环境易于大发生。气温高于25℃时，迁移至土缝或土块下停止活动。

【防治方法】（1）清洁田园，铲除杂草，减少滋生地；注意排水，降低地下水位；结合田间管理，晴天中耕除草，使卵暴露在土表，曝晒而死。（2）在田边、地埂上撒石灰或草木灰，以降低湿度，造成不利于蛞蝓活动的环境。选晴天，每667m²撒生石灰5～7.5kg，蛞蝓爬过后失水而亡。（3）于4～5月蛞蝓盛发期喷洒碳酸氢铵水100倍液。（4）每667m²用油茶饼7～10kg，用50kg水泡开，取其滤液喷洒。（5）每667m²施6%四聚乙醛杀螺颗粒剂0.5kg，于晴天傍晚撒施在株间，效果很好。（6）用绿肥或菜叶、瓦砾等堆积在田间，翌晨或在小雨天人工捕捉，集中杀灭。

28 | 黄蛞蝓

　　黄蛞蝓（*Limax flavus*）属软体动物门（Mollusca）柄眼目（Stylommatophora）蛞蝓科（Limacidae），为世界广布种。在我国分布于上海、浙江、广东、云南、贵州、河南、新疆、北京、重庆、四川、黑龙江和海南等地。寄主植物有烟草、马铃薯、辣椒、菠菜、瓜类、果树、花卉等。

　　【为害状】以幼体和成体取食为害苗床和烟田幼苗。可将烟苗叶片吃成缺刻、孔洞。在田间影响烟苗移栽的成活率，重者整株叶片被吃光或将烟苗生长点与心叶吃尽，严重影响烟苗生长和烟叶生产。

【形态特征】

　　成体：全体黄褐色至深橙色，布有零星浅黄色点状斑，背部较深，两侧较浅，足浅黄色。伸展时长约100mm，宽12mm。体裸露，柔软，无外壳保护，头部具2对浅蓝色触角，在体背部近前端1/3处具1椭圆形的外套膜，前半部为游离状态，运动收缩时可把头部覆盖住，外套膜里具1薄且透明的椭圆形石灰质盾板，为已退化的贝壳，尾部生有短尾脊。

　　卵：椭圆形，有弹性，直径2～2.5mm。白色透明，可见卵核，近孵化时色变深，通常产在一起形成卵堆。

　　幼体：初孵幼体长3～3.5mm，透明，体型同成体。

　　【发生规律】1年发生1代。成体、幼体和卵均可越冬。常生活在阴暗潮湿的温室、大棚、菜窖、住宅附近、农田及腐殖质多的落叶或石块下、草丛中和水渠、沟

黄蛞蝓成体

黄蛞蝓幼体

旁等场所。白天隐伏于土层内，夜晚活动。一般是午夜24时至翌日1时从隐蔽场所爬出、活动，凌晨1～2时为活动高峰，而后减弱，凌晨4时后隐蔽。

【防治方法】参考野蛞蝓。

29 | 双线嗜黏液蛞蝓

双线嗜黏液蛞蝓（*Philomycus bilineatus*）属软体动物门（Mollusca）柄眼目（Stylommatophora）蛞蝓科（Limacidae），为世界广布种。分布于我国黑龙江至海南各地。寄主植物有烟草、棉花、麦类、甘薯、马铃薯、油菜等蔬菜及果树等，也可为害部分食用菌。

【为害状】以幼体和成体取食为害苗床和烟田幼苗。可将烟苗叶片吃成缺刻、孔洞。在田间影响烟苗移栽的成活率，重者整株叶片被吃光或将烟苗生长点与心叶吃尽，严重影响烟苗生长和烟叶生产。

双线嗜黏液蛞蝓及其为害状

【形态特征】

成体：体型大，体长50～70mm，体宽12mm，伸展时长可达120mm。触角两对，体裸露，无外套膜，体色灰黑至深灰色，腹足底部为灰白色，体两侧各有1条黑褐色的纵线，全身满布腺体，分泌大量黏液。

卵：圆球形，宽2～3mm，初产为乳白色，后变灰褐色，孵化前变黑色。产于土下、土面、菜叶基部及沟渠上，呈卵堆，少者8～9粒，多达20余粒。

幼体：初孵幼体白色或灰白色，半透明，体长2.5～3.5mm，体宽约1mm。1周后体长增至3～5mm，2周后增至7～10mm，2个月后达20～30mm，5～6个月后发育至成体。

【发生规律】在长江中下游一带1年发生1代，主要以成体在土缝中、石块下、草丛中、树缝内等场所越冬。气温升至6℃左右时，开始爬行、取食，4月中旬至6月上旬18～25℃时活动频繁，7月下旬至8月下旬气温在30℃以上时，活动减弱，9月上旬至10月下旬随气温下降又活动频繁，11月下旬气温低于10℃时活动又减少，当气温降至4℃以下时停止取食。

一天中，一般自17时以后从阴暗、潮湿的潜伏场所爬出，频繁活动、取食，至翌日凌晨3～4时活动减弱，5时以后陆续迁至隐蔽处，但在阴雨天的白天也可活动、取食。

【防治方法】参考野蛞蝓。

30 | 灰巴蜗牛

灰巴蜗牛（*Bradybaena ravida*）属软体动物门（Mollusca）柄眼目（Stylommatophora）巴蜗牛科（Bradybaenidae），在我国广泛分布。主要为害小麦、玉米、油菜、棉花、蔬菜、花卉、果树和烟草等58科200多种作物。

【为害状】以成贝和幼贝为害幼苗、叶片或幼嫩器官，将烟叶咬成较大的缺刻或孔洞，严重时咬断烟苗，造成缺苗断垄，为害成株时一般多在中下部叶片取食。初孵幼体只取食叶肉，个体稍大后用齿舌将幼叶咬成小孔甚至将细小叶柄咬断，腹部足腺还能分泌黏液，干后呈银白色。

【形态特征】

成贝：呈圆球形，个体大小和颜色变异较大。壳高18～21mm，壳宽20～23mm，有5～6个螺层。壳面黄褐色、灰褐色或琥珀色，常分布暗色不规则形斑点，有细致而稠

灰巴蜗牛为害幼苗

灰巴蜗牛为害成株叶片

密的生长线和螺纹；壳顶尖，缝合线深。壳口呈椭圆形，口缘完整，略外折，锋利，轴缘在脐孔处外折，略遮盖脐孔；脐孔狭小，呈缝隙状。头部发达，具有2对触角，前触角较短，后触角较长，眼位于后触角顶端。

卵：圆球形，初产时湿润，乳白色具光泽，随后变为浅黄色，近孵化时呈土黄色，并且幼贝轮廓明显可见。

幼贝：形态与成贝相似，但体型较小，壳色深褐色或鼠灰色。

灰巴蜗牛成贝

【发生规律】雌雄同体，一般1年发生1代，南方个别地区可发生2代。以成贝和幼贝或极少的卵在田埂2～4cm深处的土缝、残株落叶和田边杂草中越冬。一般3月上中旬开始活动，4月下旬到5月上中旬成贝开始交配，5月到6月上旬田间出现第一次幼贝高峰，与越冬成贝一起为害，7～8月蛰伏越夏，9～10月形成田间第二次幼贝高峰，11月下旬开始越冬。灰巴蜗牛白天潜伏，傍晚或清晨取食；遇有阴雨天栖息在植株上少活动；若遇到天气高温干燥，封住壳口，潜伏在潮湿的土缝中或茎、叶下。初产的卵表面具黏液，干燥后把卵粒黏在一起呈块状，初孵幼贝多群集在一起取食，长大后分散为害，喜栖息在植株茂密的低洼潮湿处，22～28℃为最适宜活动温度，遇温暖多雨天气和田间地块潮湿时为害重。

【防治方法】（1）农业防治：在产卵盛期，结合中耕，将卵翻至地面，曝晒而死或被天敌捕食，同时降低土壤含水量，抑制幼贝孵化；于清晨、傍晚或雨后晴天人工捕捉成贝、幼贝，集中杀灭。（2）物理防治：将一些杂草、菜叶等堆放在烟田作诱集物，夜间让蜗牛栖息，天亮前捕杀；或在作物行间或四周撒生石灰或草木灰，生石灰用量为每667m²3～5kg。（3）化学防治：①使用6%四聚乙醛颗粒剂，每667m²用1.5～2kg，碾碎后拌细土或饼屑10～15kg，于晴天傍晚撒施在烟株根际处；②每667m²撒施石灰粉、草木灰、磷肥、细茶籽饼20～30kg，驱杀成贝；③于早晨和傍晚喷施1%茶籽饼浸出液；④使用四聚乙醛制剂与碎豆饼、玉米粉或大米粉配制成含2.5%有效成分的毒饵，于傍晚诱杀。

31 | 同型巴蜗牛

同型巴蜗牛（*Bradybaena similaris*）属软体动物门（Mollusca）柄眼目（Stylommatophora）巴蜗牛科（Bradybaenidae），分布于我国黄河流域、长江流域和华南各省份。寄主植物主要包括柑橘、蔬菜、瓜类、苗木、大豆、花卉、玉米、甘薯、马铃薯、茶、甘蔗和烟草等30余种。

【为害状】同灰巴蜗牛。

【形态特征】

成贝：贝壳中等大小，呈扁球形，黄褐色至红褐色，具细而稠密的生长线。壳高11.5～12.5mm，壳宽15～17mm，有5～6个螺层，底部螺层较宽大，顶部几个螺层增长缓慢，

同型巴蜗牛为害状

同型巴蜗牛成贝

略膨胀，螺旋部低矮。壳顶钝，缝合线深，螺层周缘及缝合线上常有1条褐色线。壳口呈马蹄形，口缘锋利，轴缘外折，遮盖部分脐孔。脐孔小而深，呈洞穴状。头上有2对触角，上方1对长，下方1对短小，眼着生其顶端。头部前下方着生口器，体色灰色，腹部有扁平的足。

幼贝：形态与成贝相似，但体型较小，外壳半透明，内部贝体乳白色，从壳外隐约可见。

卵：球形，初产乳白色，渐变淡黄色，近孵化时为土黄色，卵壳石灰质。

【发生规律】雌雄同体，1年发生1代，主要以成贝在草丛、枯枝落叶、树皮、作物根际土块和土缝中越冬，少数以幼贝在冬作物根际越冬。越冬成贝于每年3月上旬开始取食，4月开始交配产卵，5月成贝开始大量为害，4～10月均可见到卵，4～5月和9月卵量最大。成贝、幼贝喜欢潮湿环境，阴雨天昼夜取食，干旱条件下则昼伏夜出，盛夏干旱或遇严重不良的气候条件则隐蔽躲藏，通常分泌黏液形成蜡状膜将口封住，暂时不吃不动，气候适宜后又恢复活动，适应性强。成贝有群集性，行动迟缓，凡爬行过的地方均可见黏液痕迹。

【防治方法】参考灰巴蜗牛。

第四章

CHAPTER4

潜叶、蛀食类害虫

烟草潜叶、蛀食类害虫多以幼虫潜入叶片上、下表皮之间取食叶肉或蛀入茎秆内为害。目前，为害烟草的蛀食性害虫仅烟蛀茎蛾一种，属鳞翅目麦蛾科；潜叶性害虫主要有鳞翅目麦蛾科和双翅目潜蝇科种类，其中麦蛾科仅烟草潜叶蛾一种，潜蝇科有南美斑潜蝇、美洲斑潜蝇、突囊斑潜蝇、方斑潜蝇、豌豆彩潜蝇和植潜蝇等，但国内只发现南美斑潜蝇、美洲斑潜蝇和植潜蝇为害烟草。烟蛀茎蛾、烟草潜叶蛾和南美斑潜蝇3种害虫在世界多国广泛分布，也是我国烟草上的主要潜叶和蛀食性种类，在国内多个省份烟草种植区有分布。

20世纪90年代以前，烟蛀茎蛾和烟草潜叶蛾对烤烟生产常造成明显危害，是我国部分烟区的主要害虫之一。如烟蛀茎蛾在贵州烟区的为害株率一般为10%～40%，最高达90%以上，如江西赣县。20世纪50年代，烟草潜叶蛾在贵州部分烟区的为害株率一般为30%～40%、叶片受害率10%左右。20世纪90年代以后，两种害虫在各地的种群数量均显著下降，为害很轻。20世纪90年代末，在山东烟区发现烟草潜叶蛾，目前在部分烟区烟田时有发生。南美斑潜蝇是1993年传入我国的植物危险性检疫害虫，目前，虽在全国各省份广泛分布，但因烟草为非嗜食寄主，对烟草的为害一般较轻，如在贵州烟区的被害株率一般为0.04%～8.97%、叶片受害率为0.32%～8.42%，加之取食部位一般为下部1～4位叶，对烟叶质量的影响较小。总体来看，目前潜叶和蛀食性害虫对我国烟草的为害一般较轻，在各地多属次要害虫种类，对烟叶生产的威胁不大。

01 | 烟草潜叶蛾

烟草潜叶蛾（*Phthorimaea operculella*）属鳞翅目（Lepidoptera）麦蛾科（Gelechiidae），又名马铃薯块茎蛾、马铃薯麦蛾，曾被我国和其他多个国家列为检疫性害虫，现已成为一种世界性害虫。在我国西南、西北、中南、华东等地区均有分布。可取食烟草、马铃薯、茄子、辣椒、番茄、曼陀罗、龙葵、酸浆、刺蓟、莨菪、洋金花、枸杞等植物，喜食烟草、马铃薯等茄科作物。全国多数烟区发生较轻，仅个别烟区少数烟田发生较重，近年来在山东部分烟田时有发生。

【为害状】以幼虫潜食叶肉组织，仅剩上、下表皮，形成白色弯曲的隧道，随叶片的生长，隧道逐渐扩大而连成一片，形成透亮的大斑，严重时被害叶片皱缩干枯。

烟草潜叶蛾为害状

烟草潜叶蛾成虫

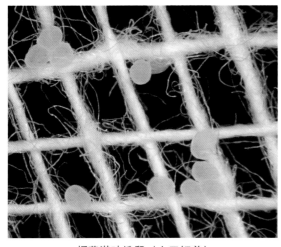

烟草潜叶蛾卵（人工饲养）

【形态特征】

成虫：雄蛾体长5.0～5.6mm，雌蛾体长5.0～6.2mm，翅展14.2～15.8mm。体灰褐色，微带银灰色光泽。触角丝状，黄褐色。头顶有发达的毛簇，复眼黑褐色。前翅狭长，黄褐色或灰褐色，杂有黑色；翅尖略向下弯，臀角钝圆；翅前缘及翅尖颜色较深，翅中部有3～4个黑褐色斑点。雌蛾臀区具黑褐色大条斑，停息时两翅上的条斑合并成长斑纹；雄蛾臀区无黑色条斑，仅有4个不明显的黑褐色斑点，两翅合并时未形成长斑纹。前翅缘毛长短不等，但排列整齐；后翅灰褐色，翅尖突出，前缘基部具有长毛1束。

卵：椭圆形，长约0.5mm，宽0.4mm，光滑。初产时乳白色，略透明，有白色光泽，中期淡黄色，孵化前为黑褐色，有紫色光泽。

幼虫：体色多黄白色或灰绿色，老熟时体背淡红色或暗绿色。老熟幼虫体长10～13mm。头部棕褐色，每侧有单眼6个。前胸背板及胸足黑褐色，臀板淡黄色。腹足趾钩双序环式，臀足趾钩双序横带微弧形。雄性老熟幼虫腹部背面可透视1对睾丸。

茧：灰白色，长约10mm。

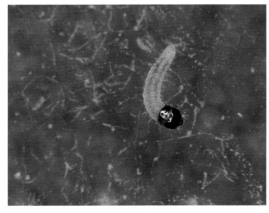

烟草潜叶蛾初孵幼虫（左）和老熟幼虫（右）

蛹：近圆锥形，体长5～7mm，体宽1.2～2mm。初期淡绿色，中期棕黄色，后期复眼、翅芽、腹节均为黑褐色。臀棘短而尖，向上弯曲，周围有刚毛8根。

【发生规律】烟草潜叶蛾年发生世代数因地区、海拔而异。北方1年发生4～5代，云南、贵州5～6代，湖南6～7代，四川、重庆6～9代。无严格的滞育现象，只要有适宜的食料和适宜的温、湿度条件，冬季仍能正常生长发育。各虫态在我国南方均能越冬，主要

烟草潜叶蛾蛹

以幼虫在冬藏马铃薯块、田间残留薯块、烟残株、枯枝落叶、茄茬和烟秆堆内等处越冬。冬季在室内马铃薯种薯上越冬的幼虫仍可继续为害，但发育较慢。在河南、陕西等地，幼虫在田间或窖藏薯块上均不能越冬，只有少量蛹可以越冬。在晒烟调制的过程中，烟叶内的幼虫可脱叶爬入墙缝内结茧越冬。1月份0℃等温线为其能否越冬的分界线。

各地一般以一至三代幼虫为害烟草，第二代为主害代，主要取食烟株下部1～5位叶。成虫昼伏夜出，有趋光性，在烟草上卵多散产于下部1～4片叶的背面或正面中脉附近，幼苗期则多产于心叶背面。湿度对种群数量影响极大，一般干旱少雨发生重、多雨高湿条件发生轻。连作烟地、前茬或邻作为马铃薯等茄科植物的地块为害一般偏重。

【防治方法】（1）农业防治：合理轮作，嗜食作物要合理布局，避免烤烟与马铃薯等茄科作物邻作或间套作；及时摘除并处理下部有虫烟叶；烟叶采收结束后及时清除烟秆及其残体，并对烟区内其他茄科植株残体、残留薯块于秋末冬初彻底清除处理；冬季深翻烟地。（2）物理防治：苗床期覆盖防虫网避虫。（3）药剂防治：于幼虫发生初期进行药剂防治，一般喷药1～2次，间隔10d喷1次。可选用1.8%阿维菌素乳油3 000倍液或2.5%高效氯氟氰菊酯乳油2 000倍液等。

02 | 烟蛀茎蛾

烟蛀茎蛾（Scrobipalpa heliopa）属鳞翅目（Lepidoptera）麦蛾科（Gelechiidae），别名烟草麦蛾，俗称大脖子虫，在我国主要分布在湖北、湖南、江西、广东、广西、台湾、四川、云南、贵州等长江以南地区。烟蛀茎蛾以烟草和茄子为主要寄主，尤嗜食烟草。

【为害状】以幼虫在烟草苗床及大田为害。在苗期为害一般会在茎部形成虫瘿，俗称"大脖子"，造成植株矮小，生长停滞，顶端叶片细小呈簇状，叶片不能伸展，且易分杈和形成侧芽，严重影响烟叶的产量和质量。在大田生育期，幼虫多在烟草主茎髓部蛀食，茎部不表现明显症状，但会造成植株显著矮小，茎围加大，叶片变小。叶脉被害后叶片

烟蛀茎蛾为害状

烟蛀茎蛾幼虫

肥厚、皱缩或扭曲。

【形态特征】

成虫：体长7.0～8.0mm，翅展13.0～15.0mm。体灰褐色或黄褐色。触角丝状，灰色，约为体长的2/3。复眼黑褐色，圆形。头顶有毛簇。前翅狭长，呈褐色或棕褐色，无斑，翅上有黑褐色鳞片，翅外缘和后缘均着生长缘毛。后翅菜刀状，灰褐色，较前翅宽大，顶角突出，翅缘亦有长毛。足的胫节以下黑白相间，跗节5节，具2爪。雌成虫腹部末端丛毛排列整齐，两侧有黄白色长毛丛，雄成虫无毛丛。雌成虫翅缰3根，较细；雄成虫翅缰1根，较粗。

卵：长椭圆形，长约0.5mm，宽0.3mm，表面粗糙。初产时乳白色并微带青色，后渐变为浅黄色，孵化前卵内可见1黑点。

幼虫：老熟幼虫体长10～13mm，多皱褶。体色依虫龄不同而异，初孵幼虫多为灰绿色，后变为黄白或乳白色。头部棕褐色。胸部稍肥大，前胸背板和胸足黑褐色。臀板褐色或黄褐色。腹足趾钩单序环形，臀足趾钩单序横带。

蛹：略呈纺锤形，棕色，长5～8mm，宽约2mm。臀棘小，钩齿状，两侧生有尖端弯曲的刚毛。雄蛹尾端尖锐。

【发生规律】烟蛀茎蛾在我国一般每年发生3～5代，其中贵州3～4代，湖南、江西、云南、广西等地4～5代，具有世代重叠现象，以第一、二代对烟草为害较重。多以幼虫或蛹在烟茬、烟秆和烟草残株内越冬，成虫和卵也可越冬。无滞育现象，冬季天气温暖时，幼虫仍会在未腐烂的烟秆髓部及皮层处活动、取食。冬季也有部分老熟幼虫化蛹并羽

烟蛀茎蛾蛹

化，有霜冻时，羽化的成虫会死亡。成虫白天隐蔽在烟草叶片下、杂草丛中，夜晚活动，卵散产在低矮烟株杈芽处或叶柄部，每雌产卵70多粒，产卵历期3～5d。初孵幼虫先在叶片上蛀食叶肉，再蛀入主脉，后钻蛀烟茎并能达髓部为害。老熟幼虫在虫瘿部钻一圆形羽化孔，后吐丝将孔封住，并在靠近羽化孔处结薄茧化蛹，成虫羽化时破茧从羽化孔钻出。

【防治方法】（1）农业防治：烟草采收后迅速清除残株，以减少虫源。消灭烟秆内的幼虫和蛹。加强苗床管理，定植时注意剔除有虫苗。（2）物理防治：在田间安放杀虫灯或使用糖醋酒液诱杀成蛾。用针或竹签刺入肿胀虫瘿部位杀死幼虫。（3）药剂防治：越冬代成虫产卵高峰期至幼虫孵化期用2.5%高效氯氟氰菊酯乳油2 000倍液喷雾；移栽时用上述药液浸苗1～2min，对已蛀食的幼虫也有一定的防治效果。

03 | 南美斑潜蝇

南美斑潜蝇（*Liriomyza huidobrensis*）属双翅目（Diptera）潜蝇科（Agromyzidae）。原产于南美洲，1993年传入我国。目前已广泛分布于云南、贵州、四川、甘肃、青海、新疆、山东、福建、陕西、江苏、辽宁、黑龙江、北京、河北、宁夏等省份。可取食39科287种植物，较喜食豆类、瓜类、莴笋、芹菜、满天星、菊花等，烟草为非喜食寄主。南美斑潜蝇主要分布于温凉烤烟区，我国云南、贵州等烟区曾报道该虫为害，但为害程度较轻。

【为害状】以成虫和幼虫为害。雌成虫以产卵和取食方式为害叶片，在叶表面形成圆形失绿小斑点；幼虫蛀食叶肉组织而形成弯曲潜道，初孵幼虫潜道极细，随虫龄增大虫道逐渐加宽，可见排列不规则的虫粪，常沿叶脉为害。叶片正面一般不易见到完整虫道，通常在叶背面可见较为完整的虫道。

【形态特征】

成虫：体长1.3～1.8mm，翅长1.7～2.25mm。头额部明显突出于眼，橙黄色，内外

南美斑潜蝇幼虫为害状（上）和美洲斑潜蝇幼虫为害状（下）

顶鬃着生处暗色。中胸背板亮黑色，小盾片黄色，中侧片上方黄色，下方1/2至大部分为黑色。前翅中室较大，M_{3+4}末段为次末段的 1.5～2.5 倍。足基节黄色具黑纹，腿节基本黄色但具黑色条纹，直到几乎全黑色，胫节、跗节棕黑色。

南美斑潜蝇成虫及其为害状

卵：椭圆形，长0.27～0.32mm，宽0.14～0.17mm，乳白色，微透明。

幼虫：蛆状，初孵幼虫半透明，后逐渐变为乳白色至淡黄色。老熟幼虫体长2.3～3.2mm，后气门突具6～9个气孔开口。

蛹：椭圆形，腹面稍扁平，体长1.3～2.5mm，体宽0.5～0.75mm。化蛹初期乳白色，后呈黄褐色至黑褐色。

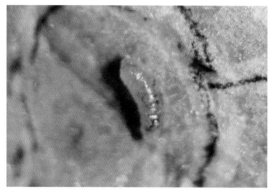
南美斑潜蝇幼虫

南美斑潜蝇蛹

【发生规律】年发生世代数因地区而异，贵州一般1年发生14～15代、云南昭通10～11代，世代重叠，南方无明显滞育现象。各地种群数量一年中多出现两个高峰，如云南一般为3～4月和10～12月。在烤烟上一般可发生2～3代（贵州）或5～6代（云南），主要发生于苗期至团棵期，以取食烟株下部1～4位叶为主。成虫具趋黄性和趋光性，卵单粒产于烟叶正、反面的表皮下，初孵幼虫潜食叶肉形成弯曲虫道，老熟幼虫多入土化蛹，偶有在叶片反面或潜道末端化蛹的，南方高海拔地区主要以蛹在土壤中越冬。各虫态发育温度范围为6.24～30℃，最适20～25℃。相对湿度为30%～95%，最适70%～95%，较耐低温。烤烟与豆类、瓜类等喜食作物邻作条件下，常发生早，为害偏重。主要以卵和幼虫随烟苗异地远距离传播。

【防治方法】（1）植物检疫：杜绝从疫区调运烤烟、花卉、蔬菜等苗木。（2）农业防治：避免烤烟与蔬菜、花卉等喜食作物邻作；及时清除烟株下部底脚带虫叶片；冬季翻犁烟地灭蛹。（3）保护利用天敌：斑潜蝇寄生性天敌种类较多，寄生率一般可达30%～70%。因此，可采用合理用药等措施充分保护利用天敌。（4）物理防治：苗床期覆盖40目防虫网避虫，大田前期用黄板诱杀成虫。（5）药剂防治：于幼虫始见期进行药剂防治，可选用1.8%阿维菌素乳油3 000倍液、5%高氯·甲维盐微乳剂3 500倍液或5%氯氰菊酯乳油1 500倍液等，一般喷施1～2次，间隔10～12d。

第五章 贮烟害虫
CHAPTER5

贮烟害虫是指在烟叶及其制品贮存过程中取食为害的害虫种类，其虫尸、虫粪污染烟叶及制品，部分种类还可为害烟草种子。据统计，贮存期以麻袋片包装的把烟，每年因贮烟害虫造成的损失为0.7%～1%，最高可达6%，世界范围内每年所造成的经济损失约3亿美元，我国每年因贮烟害虫所造成的损失为2亿～4亿元人民币。21世纪后，烟叶原料的贮存形式逐渐转变为以打叶复烤的片烟为主，仓储条件也大为改善，贮烟害虫的发生程度及其为害造成的损失有所降低。烟草贮烟害虫多达30余种，其中最重要的就是烟草甲和烟草粉螟，在我国各烟区烟站、复烤厂、烟厂仓库、卷烟车间等场所均有不同程度的发生和为害，对烟叶、卷烟的安全贮藏有较大的破坏作用。

贮烟害虫多具咀嚼式口器，主要以幼虫取食为害烟叶和卷烟。其发生具有以下特点：其虫体小，隐蔽性强，多数种类潜伏在烟包里面，往往不易被发现；所处生态环境稳定，繁殖力强，仓库和卷烟车间中均可发生；适应性强，分布范围广，食性杂，寄主种类繁多，易传播为害；在烟叶调拨过程中，可跨省传播，甚至可随进口、出口烟叶在不同国家传播。

01 | 烟草甲

烟草甲（*Lasioderma serricorne*）属鞘翅目（Coleoptera）窃蠹科（Anobiidae），为世界性仓储害虫，我国各烟区均有发生。主要为害烟草、茶叶、禾谷类、豆类、中药材、香料、毛皮、书籍等。

【为害状】烟草甲主要以幼虫和成虫为害贮存烟叶，造成烟叶穿孔、破碎，影响出丝率。成虫或幼虫可在烟支内取食烟丝，并可为害滤棒，为害后留有孔洞，虫尸、粪便严重影响烟叶或卷烟品质。烟草甲还可为害贮存烟草种子。

【形态特征】

成虫：体长2.5～3.0mm，椭圆形，赤褐色，有光泽，全身密布黄褐色细毛；

烟草甲成虫

烟草甲为害初烤烟

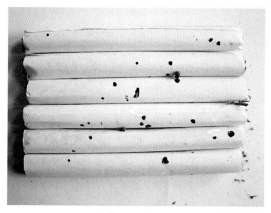

烟草甲为害卷烟

烟草甲为害复烤烟

烟草甲为害烟种子

烟草甲虫尸及粪便

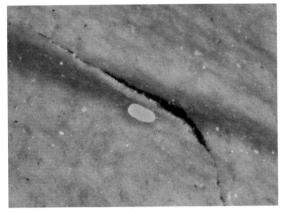

烟草甲卵

头隐于前胸下，口器无上唇，上颚外露；触角锯齿状。

卵：长椭圆形，黄白色，长0.4～0.5mm，表面光滑，一端有若干微小突起。

幼虫：体长3.5～4.0mm，体弯曲呈C形，乳白色，全身有较密的细长茸毛；头部黄褐色，两侧各有1深褐色斑块。

蛹：长约3mm，宽约1.5mm，乳白色，前胸背板位于头的上方。雌蛹腹末腹面的生殖乳突分叉，雄蛹的生殖乳突呈球状，不突出。

烟草甲幼虫

烟草甲蛹

【发生规律】烟草甲的年发生世代数依其食物类型和地理分布不同而有所差异，低温地区1年发生1～2代，高温地区7～8代，一般1年发生3～6代，主要以老熟幼虫在墙缝、烟包折缝、垫席或烟包内越冬，少数以蛹越冬。成虫有趋光性和伪死性。雌成虫产卵于烟叶皱褶内、烟梗凹陷处或烟仓缝隙中，卵多散产，单雌产卵30～75粒，卵期6～10d。初孵幼虫一般先蛀入烟梗再咬食叶片，老熟后停止取食，经2～4d的预蛹期后化蛹。幼虫多为5龄，耐饥力较强。尤喜为害贮存1年以上的中、上等烟叶。

【防治方法】坚持"预防为主，综合防治"的原则，尽可能将贮烟害虫消灭在烟叶产区，保证复烤片烟无虫，将贮烟害虫的损失降到最低；卷烟企业做好防止害虫二次侵染的工作，尽可能减少化学熏蒸次数。(1) 烟叶收购环节：收购环节的主要任务是防止害虫为害烟叶，打扫好仓库卫生，确保仓库无垃圾、碎屑、蛛网，对回收的旧麻袋、绳子、库内用具及空仓进行消毒处理。(2) 打叶复烤环节：烟叶入库前打扫好仓库卫生；随机抽检入库烟叶的3%～10%进行虫情检查，有虫烟叶单独存放；利用真空回潮和复烤高温杀死贮烟害虫。(3) 烟叶醇化期间：建立健全烟叶醇化仓库的管理制度，做好入库前空仓的消毒；加强虫情监测，对入库烟叶抽样监测，有虫烟叶与无虫烟叶隔离存放，并采用性信息素诱捕器定期监测害虫发生动态；必要时采用磷化氢熏蒸，应尽量减少熏蒸次数。（4）具体防治措施：烟叶醇化期间的管理及害虫防治具体措施参考以下烟草行业相关标准：《片烟贮存养护：通用技术要求》、《储烟虫害治理：磷化氢与二氧化碳混合熏蒸安全规程》和《烟草加工过程害虫防治技术规范》。

02 | 烟草粉螟

烟草粉螟（*Ephestia elutella*）属鳞翅目（Lepidoptera）螟蛾科（Pyralidae），在我国各烟区均有分布，以南方烟区受害较重。烤烟受害最重，白肋烟、晒烟受害较轻，烟草制品次之。除烟草外，还可为害禾谷类、豆类、花生、可可豆和面粉等。

【为害状】以幼虫为害烟叶，喜欢于柔软多糖的烟叶中吐丝缠连，潜伏取食，烟叶被食成不规则的孔洞，有时仅留叶脉，虫尸、虫粪和丝状物污染烟叶，降低烟叶品质，被害烟叶受潮易霉变。

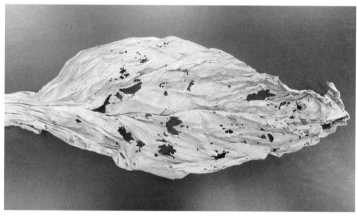

烟草粉螟幼虫为害状

烟草粉螟粪便及为害状

【形态特征】

成虫：体长5～7mm；前翅灰黑色，有棕褐色花纹，近翅基部及端部各有1淡色横纹，外缘有明显的黑色斑点；后翅银灰色，半透明。

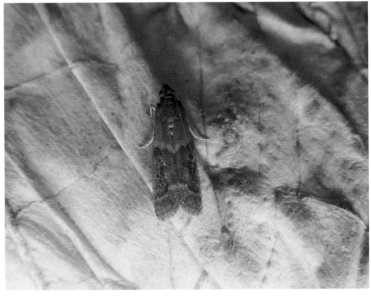

烟草粉螟成虫

卵：椭圆形，长约0.5mm，宽约0.3mm。初产时为乳白色，略有光泽，随着胚胎发育颜色逐渐加深。卵壳表面有花生壳状网纹。

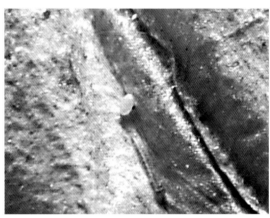

烟草粉螟卵（左）及初孵幼虫（右）

幼虫：体长10～15mm，头部赤褐色，前胸盾、臀板和毛片黑褐色，腹部淡黄色或黄色，背面通常桃红色。

烟草粉螟幼虫　　　　　　　　　　烟草粉螟幼虫吐丝结茧

蛹：体长7～8.5mm，细长，黄褐色，羽化前棕褐色。

【发生规律】烟草粉螟1年发生2～3代，以老熟幼虫在墙缝、烟包折缝、垫席或烟包内越冬。成虫昼伏夜出，趋光性弱，一般产卵于烟叶中脉附近、皱褶内或包装物上，卵单粒散产或数粒聚产。成虫产卵对烟叶等级有选择性，一般喜欢在中、上等烟叶上产卵，以上等烟叶为多。幼虫喜欢取食中、上等烟叶。幼虫多在夜间为害，烟叶含水量在13%左右时，幼虫发育最快，而低于10%时，幼虫不能完全发育或死亡。幼虫老熟后，多数从包内爬到包外，于墙壁缝隙、烟包麻袋片以及草席等处吐丝结茧化蛹，少数在包

烟草粉螟蛹

内化蛹。烟草粉螟喜欢湿度较高的生活环境，幼虫不耐低温，温度20～30℃和相对湿度70%～80%的条件有利于其生长发育。

【防治方法】参考烟草甲。

第六章 捕食性天敌

CHAPTER6

捕食性天敌是烟田害虫的一类重要天敌，可在一定程度上控制靶标害虫的种群发展。捕食性天敌较其猎物个体一般都较大，可捕获、吞噬猎物肉体或吸食其体液。捕食性天敌在自然界中广泛存在且种类较多，大致可归纳为天敌昆虫、捕食螨、蜘蛛、鸟类及两栖类动物等类群。烟田捕食性天敌以捕食性天敌昆虫和蜘蛛为主，主要有瓢虫、草蛉、食蚜蝇、食虫蜡、步甲等，其中分布较广的种类有大草蛉、中华通草蛉、七星瓢虫、异色瓢虫、龟纹瓢虫、微小花蝽、三突伊氏蛛、草间钻头蛛等，可捕食烟蚜、烟粉虱、棉铃虫、烟青虫、斜纹夜蛾等害虫。

利用捕食性天敌昆虫防治害虫有悠久的历史，目前部分捕食性天敌昆虫已被应用于害虫生物防治中，在害虫综合治理中显示出其优越性。研究较早、人工繁殖技术相对较为成熟的捕食性天敌主要有瓢虫、草蛉、捕食螨等，但在烟叶生产中，应用捕食性天敌昆虫防治害虫目前还处于试验示范阶段，规模化繁殖与应用尚有待于进一步研究。

01 | 大 草 蛉

大草蛉（*Chrysopa pallens*）属脉翅目（Neuroptera）草蛉科（Chrysopidae），是蚜虫、叶螨、鳞翅目卵及低龄幼虫等多种农林害虫的重要捕食性天敌，是害虫生物防治中极具应用价值的一种天敌昆虫。其幼虫和成虫可捕食烟蚜和烟青虫、棉铃虫、斜纹夜蛾的卵与低龄幼虫。尽管已形成较为完善的大草蛉人工饲养技术，但受饲养成本、操作技术等因素影响，大规模应用大草蛉防治害虫技术尚有待完善。

【形态特征】

成虫：体长13～15mm，前翅长17～18mm，后翅长15～16mm。体绿色，较暗，头部黄绿色，有黑斑2～7个，常见的多为4斑或5斑型。4斑型具条状唇基斑1对和近圆形的角下斑1对，均较大；5斑型除上述2对斑外，还有1个较小的

大草蛉成虫

角中斑（在两触角窝之间）；7斑型除上述5斑型外还有1对颊斑。触角较前翅短，黄褐色，基部两节呈绿色。口器发达，下颚须与下唇须均为黄褐色。胸部背面有1条明显的黄色纵带。足黄绿色，跗节黄褐色。腹部绿色，密生黄色短毛。翅痣黄绿色，多横脉，翅脉大部分为黄绿色，但前翅前缘横脉列和翅后缘基半的脉多呈黑色，两组阶脉每段脉的中央大部黑色，而两端呈绿色；后翅仅前缘横脉和径横脉大半段为黑色，阶脉则同前翅。翅脉上多黑毛，翅缘的毛则多为黄色。

卵：丛生，一般每丛20粒左右。卵粒椭圆形，长1mm左右，宽0.44mm左右。丝柄白色，长6～11mm。初产卵鲜绿色，近孵化时灰色。

大草蛉卵

大草蛉卵壳

大草蛉初孵幼虫

幼虫：共4龄。一龄体长1.80～2.50mm，两头小，土黄色；中部宽、黑色。前胸背板两侧各有1黑点。前胸与腹部一至九节体侧瘤上有刚毛2根，中、后胸体侧瘤毛3根，后胸侧瘤较大。头部斑纹呈"凸"字形，黑褐色。二龄体长5～7mm，体黑褐色。中、后胸及腹部第一至二节背面中央有橙褐色方块。体侧瘤除腹部第一至二节为白色外，其余为黑色。头部有"凸"字形黑斑。前胸背板有"凸"

字形黑斑。三龄体长9～13mm，宽3～4mm。体背面黑褐色，腹面灰色。触角丝状，褐色，第一节粗短，第二节长，第三节逐渐尖细。中、后胸和腹部第一至二节背面中央有橙褐色方块。腹部第一至二节侧毛瘤白色，毛瘤上的刚毛黑色，第一节毛瘤比第二节小，第三至七节侧毛瘤黑色。头部有"品"字形黑纹。胸、腹部背中线明显。各腹节背面中央有1个圆形黑点，黑点周围淡黄色。幼虫老熟后，变为红褐色。

蛹：白色，圆球形，表面光滑，无杂物，直径4～5mm。

【发生规律】大草蛉以蛹在茧内越冬，越冬场所主要是树皮下、枯草和土缝内。河南、陕西1年发生4代，越冬蛹5月中旬开始羽化，6月上旬见卵。湖北1年发生5代，越

大草蛉幼虫

冬蛹于4月下旬开始羽化，5月上旬见卵。福建1年发生6代，越冬蛹3月下旬即开始羽化。成虫白天多栖息在植物叶背，尤喜栖息在高大植物上，夜出活动，有趋光性。卵多产在蚜虫较多的植物上。卵成丛，每丛卵粒数大多为20粒左右，有的仅数粒，最多可达50多粒。1头雌虫1d可产1丛卵，也可产多丛卵。产卵场所的选择与温度有关，5月、9月、10月气温较低，卵多产在植物叶片正面或植株上部，7～8月气温较

大草蛉茧

高，卵多产在植物叶片背面。雌虫开始产卵后，一般连续产卵，可延续至死亡的前一天。成虫经一次交尾可终生产受精卵，1头雌虫产卵800粒左右，最多可产卵1 000粒。成虫不耐35℃以上高温，否则成虫寿命将缩短，产卵量下降。气温低于15℃，蛹滞育越冬。

02 | 中华通草蛉

中华通草蛉（*Chrysoperla nipponensis*）属脉翅目（Neuropera）草蛉科（Chrysopidae）。在我国烟田较常见，全国各主要烟区均有分布。主要以幼虫捕食蚜虫以及棉铃虫、烟青虫、斜纹夜蛾等鳞翅目昆虫的卵及低龄幼虫。

【形态特征】

成虫：体黄绿色，体长9～10mm，前翅长13～14mm，翅展30～31mm。头部淡黄绿色，触角淡黄褐色，比前翅短。两颊及唇基两侧各有1个黑斑，但大部分个体每侧的颊斑与唇基斑连接成条状。胸部和腹部背面两侧淡绿色，中央有黄色纵带。翅透明，较窄，翅痣黄白色，翅脉黄绿色，上有黑毛。前翅前缘横脉的下端、径分脉和径横脉的基部、内阶脉和外阶脉均为黑色，翅基部的横脉色暗。

卵：椭圆形，具丝柄，长约0.9mm，宽约0.4mm，丝柄长3～4mm，单粒散产，初产

中华通草蛉成虫

时绿色，近孵化时褐色。

幼虫：末龄体长7.0～8.5mm，黄白色，头部有倒"八"字形褐纹，体背中线明显，体侧毛瘤黄白色，背侧有紫褐色纵带纹。

茧：圆形，白色，长3～4mm，宽2.5～3.2mm。

蛹：裸蛹，翅芽、足和触角与体分离可活动。

【发生规律】中华通草蛉在陕西关中地区1年发生5～6代，山东泰安地区1年发生4代，湖北武汉1年发生6代。中华通草蛉在我国以成虫越冬，其越冬场所和栖息植物较为广泛，成虫一般在植

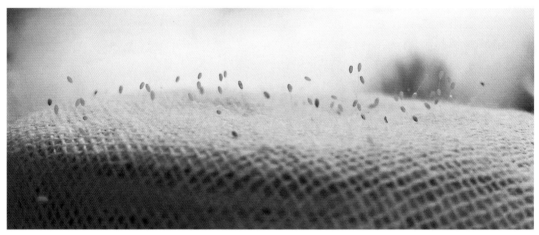

人工饲养的中华通草蛉卵（许永玉提供）

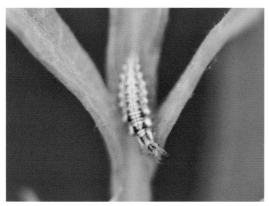
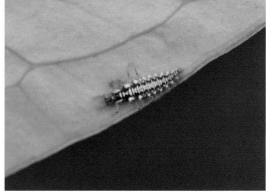

中华通草蛉幼虫

物的叶背、根隙或杂草丛内越冬。在北方，6月之前种群数量较少，主要集中在麦田、果园等场所；6月以后，随着蚜虫、红蜘蛛等害虫的发生，该天敌种群数量迅速增加，分别在7～9月出现几次高峰，此时期主要分布在烟田、棉田、玉米田、高粱田、大豆田、果园及菜田中，对各种作物上的蚜虫等害虫具有较强大的控制作用；10月以后，大多为越冬代成虫，分布在一些有蚜虫的晚熟作物上或迁移到越冬场所。越冬时，成虫体色由绿色变为黄绿色再变为褐色，最后变为土黄色，体色由绿变黄为越冬的标志。越冬代成虫一般越冬前不交配，翌年春天再进行交配。翌年气温上升到19℃以上，并有阳光时，成虫即可活动。一般雌虫寿命长于雄虫，雌虫平均寿命在春、秋季一般50～60d，夏季30～40d，每天均可连续产卵，日产卵量在20～30粒，单雌产卵量可达300粒以上。卵为单粒散产，成虫一般将卵产在蚜虫比较多的地方。

中华通草蛉幼虫对蚜虫、鳞翅目卵及低龄幼虫捕食量大，成虫可食花粉、花蜜及捕食叶螨和鳞翅目昆虫的卵，不捕食蚜虫。

03 | 七星瓢虫

七星瓢虫成虫

七星瓢虫卵

七星瓢虫（*Coccinella septempunctata*）属鞘翅目（Coleoptera）瓢虫科（Coccinellidae），在我国各地均有分布，主要捕食蚜虫、粉虱等害虫，在烟田较为常见。

【形态特征】

成虫：卵圆形，背部拱起，呈半球形，背面光滑无毛。头黑色，复眼黑色，额与复眼相连的边缘各有1淡黄色点。前胸背板黑色，两前上角各有1个近于四边形的淡黄色斑。小盾片黑色。鞘翅红色或橙黄色，背面共有7个黑斑，鞘翅基部在小盾片两侧各有1个小三角形白斑。足黑色，胫节有2个刺，爪有基齿。雌虫第六腹节后缘凸出，表面平整；雄虫第六腹节后缘平截，中部有横凹陷坑，上缘有1排长毛。

卵：块产，每块10～50粒，橙黄色，纺锤形，两端较尖。

幼虫：共4龄。一龄幼虫体长2～3mm，从中胸至第八腹节每节各有6个毛疣；二龄幼虫体长4mm，体灰黑色，

七星瓢虫幼虫

前胸左右后侧角黄色，腹部每节背面和侧面着生6个刺疣，第一腹节背面左右2刺疣呈黄色，刺黑色，第四腹节背面刺疣黄色斑不明显，其余刺疣黑色；三龄幼虫体长7mm，前胸背板前侧角和后侧角有黄色斑，腹部第一节左右侧刺疣和侧下刺疣橘黄色，第四节背侧2刺疣微带黄色，其余刺疣黑色；四龄幼虫体长11mm，前胸背板前侧角和后侧角有橘黄色斑，腹部第一节和第四节左右侧刺疣和侧下刺疣均为橘黄色斑，其余刺疣黑色。

蛹：黄色。前胸背板前缘有4个黑点，中央2个呈三角形，前胸背板后缘中央有2个黑点，两侧角有2个黑斑。中胸背板有2个黑斑。腹部第二至六节背面左右有4个黑斑。腹末带有末龄幼虫的黑色蜕皮。

【发生规律】在黄淮烟区1年发生3～5代，以成虫在土块下、小麦分蘖和根颈间土缝中越冬。越冬成虫于2月中下旬开始活动，3月产卵于麦田，4月中旬出现第一代成虫，5月中旬为成虫盛发期，并开始向烟田转移产卵繁殖。成虫有假死性和避光性，单雌平均产卵500余粒。一至四龄幼虫和成虫单头每天最大捕食量分别为16.2头、37.2头、40.0头、128.9头和128.6头，四龄幼虫和成虫平均单头日捕食蚜量为72.9头和66.7头，1头瓢虫一生可捕食蚜虫3 000头左右，在烟田，瓢虫与蚜虫数量之比在1：150以上时，一般不必专门施药治蚜，7d左右便可有效控制烟蚜的发生和为害。

04 | 异色瓢虫

异色瓢虫成虫鞘翅末端特征

异色瓢虫（*Harmonia axyridis*）属鞘翅目（Coleoptera）瓢虫科（Coccinellidae）。在我国除西藏、海南外的所有省份均有分布，可捕食多种蚜虫、介壳虫、粉虱、叶螨以及部分鳞翅目昆虫的卵和初孵幼虫，捕食量大于多数常见瓢虫，是烟田蚜虫捕食性天敌的优势种类。

【形态特征】

成虫：体呈卵圆形，半球状拱起，背面光滑无毛，似半粒黄豆大小，背部色泽斑纹变异很大，但两鞘翅末端都有

不同体色的异色瓢虫成虫

1横脊，横脊下方内凹，是异色瓢虫的显著特征，鞘翅底色和斑纹数目、大小、颜色、形状及位置各异。雌虫个体明显大于雄虫，雌虫第五腹板后缘中部舌形凸出，第六腹板中部有纵隆起，后缘圆凸；雄虫第五腹板后缘弧形内凹，第六腹板后缘中部半圆形内凹。

卵：呈纺锤形，直竖紧密排列在一起，呈块状，初产卵为黄色，渐变为橘黄

异色瓢虫卵

异色瓢虫幼虫

异色瓢虫蛹

色，近孵化时呈黑色。卵块大小不等，一般20～40粒，多产在叶片背面。

幼虫：共4龄。一龄初孵幼虫体呈三角形，逐渐变为长形，体黑色，至蜕皮前变为浅黑色；二龄幼虫腹部第一节背面两侧各有1个明显的黄色肉瘤；三龄幼虫腹部第一至五节背面两侧各有1个黄色肉瘤，第一节肉瘤大而明显，第五节肉瘤隐约可见；四龄幼虫第一至五腹节两侧各有1个大型橘黄色肉瘤，第一节和第四、五腹节背面各有1对浅黄色肉瘤，幼虫体侧从胸部至臀部有1对白斑，化蛹前体型肥大。

蛹：体橘黄色，体长约7mm，宽约5mm。前胸背部后缘中央有2个黑斑，中胸后侧角有1个黑斑，端部黑色。后胸背中央有2个黑斑。腹部背面第二至五节中央有2个黑斑，第三、四节黑斑较大。腹部第二至五节黑斑外侧有橘黄色斑。腹末有四龄幼虫的蜕皮。

【发生规律】辽宁1年发生3代，河南发生5～6代，福建发生6～7代，以成虫在岩洞、石缝内群集越冬，一窝内少则数十头，多则数万头。在湖北，成虫3～4月开始活动产卵，5月上旬为第一代成虫羽化盛期，以后向烟田迁移。当气温降至8～11℃时开始越冬。成虫飞翔能力较强，有取食卵和蛹的习性，一般羽化后5d左右开始交尾，一生可多次交尾，交尾后5～7d左右开始产卵，1头雌虫一生产卵10～20块，合计300～500粒。1头四龄幼虫日食蚜量可达100头左右。

05 | 龟纹瓢虫

龟纹瓢虫（*Propylea japonica*）属鞘翅目（Coleoptera）瓢虫科（Coccinellidae）。主要捕食蚜虫、叶蝉、粉虱、飞虱等。多见于棉花、芋头、豆类、烟草等作物田，是烟田常见捕食性天敌。分布于我国黑龙江、吉林、辽宁、新疆、甘肃、宁夏、北京、河北、河南、陕西、山东、湖北、江苏、上海、浙江、湖南、四川、台湾、福建、广东、广西、贵州、云南等地。

【形态特征】

成虫：体长3.8～4.7mm，体宽2.9～3.2mm，虫体呈拱形突起，黄至橙黄色。复眼黑色，触角11节。小盾片黑色。鞘翅斑纹各异，标准型具龟纹状黑色斑纹，有的黑斑扩大相连，有的黑斑缩小而呈独立的斑点，无论斑纹如何变化，但鞘翅缝黑色。雌虫前胸背板黄色，中央有1个大型黑斑，其基部与背板后缘相连，有时黑斑扩展至全背板，仅留黄色前缘；前胸背板前缘内凹较浅，肩角呈锐角，基角呈钝角。雄虫头部后缘黑色，前额黄色，唇基黄色；前、中胸腹板中部白色。唇基有1个三角形黑斑，有时斑扩大致使头部全黑。

龟纹瓢虫成虫

卵：长0.87～0.97mm，宽0.43～0.51mm，纺锤形，多直立，呈两行排列，黄色或橙黄色，即将孵化时变为灰黑色。卵块产于植物叶片上，每块6～8粒。

幼虫：共4龄，前胸背板周缘和中、后胸背中线处的色斑由低龄的灰白色变为高龄时的黄色至橙黄色，鉴定幼虫的标志为腹板第九节端部中央有1锥形突起，除背侧线突起呈白色外，其余突起均呈黑褐色。

龟纹瓢虫幼虫

一龄体长约1.5mm。体色黑绿色，头部黑色。前胸背板周缘灰白色。中、后胸背中线处有灰白色斑，第一腹节侧刺疣白色，较大，侧下刺疣亦白色，较小。第四腹节6个刺疣均为灰白色，第七腹节后缘灰白色。

二龄体长约3mm。体色黑绿色，其他特征与一龄幼虫相似，唯白斑更加显著，中、后胸侧下刺疣白色。

三龄体长约5mm，体色黑绿色，头部黑色。前胸背板黑色，周缘黄白色。中、后胸背面中央各有1个黄斑。第一腹节侧刺疣和侧下刺疣黄白色，背中线处具有1狭长小白斑。第四腹节侧刺疣和侧下刺疣黄白色，背中刺疣基部和侧刺疣之间也为黄白色。第五至七腹节侧下刺疣白色，第七腹节后缘为白色。

龟纹瓢虫蛹

四龄体长约7mm，体黑绿色。前胸背板前缘和侧缘白色。中、后胸中部有橙黄色斑，侧下刺疣橙黄色。腹部一至八节背中线橙黄色，唯有第八节稍淡。腹部第一节侧刺疣和侧下刺疣橙黄色，第四腹节6个刺疣皆橙黄色，第二、三、五、六、七腹节侧刺疣为黄白色。

蛹：体长约5mm，宽约3mm，全体灰黑色。体背有白色背中线。前胸背板后缘中央有两个黑斑，有的个体黑斑外侧有1个黑点。翅芽黑色。后胸背中央有两个黑斑。腹部第二至五节背面有两个黑斑。腹末有四龄幼虫的蜕皮。

【发生规律】龟纹瓢虫在我国从北向南发生代数逐渐增多，陕西1年发生6代，湖北鄂东地区1年发生4～5代，湖南1年发生8代，四川1年发生7代。以成虫分散在草丛基部、树皮裂缝、墙缝等处越冬。龟纹瓢虫交配1次即可终生产卵，每次平均产卵12～18粒，每雌产卵约600粒，最多可产1100粒以上。一般多在8～10时交尾，17～20时为产卵高峰。在食物不足或群体密度过大的情况下，高龄幼虫会取食低龄幼虫，同龄间互相咬食，成虫也会取食幼虫和卵。其生长发育的适温范围为20～30℃，最适温区为23～28℃。

06 | 多异瓢虫

多异瓢虫（*Adonia variegata*）属鞘翅目（Coleoptera）瓢虫科（Coccinellidae），主要捕食棉蚜、麦蚜、豆蚜、玉米蚜和烟蚜等蚜虫，多见于棉花、小麦、豇豆、玉米等作物。在我国吉林、辽宁、新疆、内蒙古、陕西、甘肃、宁夏、北京、河北、河南、山东、山西、四川、福建、云南、西藏等地均有分布，在烟田时有发生。

【形态特征】

成虫：体长4.0～4.7mm，体宽2.5～3.0mm。长卵形，扁平拱起，背面无毛。头前部黄白色，后部黑色。复眼黑色，触角、口器黄褐色。前胸背板黄白色，基部通常有黑色横带并向前分出4支叉，有时4支叉分别在前部愈合，构成两个"口"字形斑。小盾片三角形，黑色。鞘翅长形，黄褐色到红褐色，除鞘缝上小盾片下有1黑斑外，每1鞘翅上有黑斑6个，黑斑的变异较大，向黑色型变异时，黑斑相互连接或部分黑斑相互连接，向浅色型变异时，部分黑斑消失。

卵：长约1.0mm，宽约0.3mm，淡黄色，纺锤形，成排竖立于叶片背面。

幼虫：共4龄。灰褐色，一龄体长约2.1mm，前胸背面有1对大形黑斑，中、后胸各有1对长条黑斑，第一至八腹节各有1对小型黑斑；二龄体长约3.0mm，第一腹节两侧

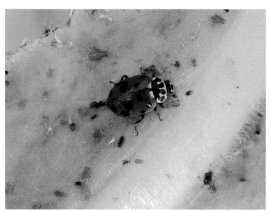 

多异瓢虫成虫

多异瓢虫卵

多异瓢虫幼虫

各有1个淡黄色斑，头、胸交界处为淡黄色；三龄体长4.5～5.5mm，第四至七腹节两侧各有1个淡黄色斑；四龄体长7.0～8.0mm，体宽2～2.5mm，体深灰色。头前端灰白色，后缘灰黑色。前胸背板四周黄色，上有4条黑色背盾，长形，纵列。

蛹：长约4.0mm，宽约2.5mm。灰褐色。腹部第一节黄白色，上有2个微小黑点；其余腹节在白色背中线的两侧有3个黑斑，各节排列成行，外侧2个黑斑常接近成1个。腹部末端被末龄幼虫蜕的皮所包围。

多异瓢虫蛹

【发生规律】多异瓢虫1年发生4～5代，以成虫在杂草丛中、残枝落叶和土块下越冬，有世代重叠现象。翌年4月下旬越冬成虫开始活动，约至5月下旬完成第一代。6月上旬第一代成虫向棉田、烟田等迁移，完成第二至四代。8月上旬第四代成虫开始向各种蚜量多的植物上转移，有的个体还在其上繁殖发育为第五代。10月下旬后，以第四代和第五代成虫越冬。成虫昼夜均能取食、交配和产卵，且有多次交配产卵的习性。卵产于杂草、棉花等植物的叶片反面，卵直立成排。成虫活泼，受惊扰后有假死性，在食料不足时有取食同种卵的习性。初孵幼虫常聚集在卵壳附近不动，经6～8h后分散活动，当食料不足时有自相残杀的习性。

07 爪哇屁步甲

爪哇屁步甲（*Pheropsophus javanus*）属鞘翅目（Coleoptera）步甲科（Carabidae）。分布于我国河南、江苏、湖北、浙江、福建、台湾、江西、湖南、广东、广西、四川、贵州、云南等地。主要捕食黏虫、地老虎、斜纹夜蛾等鳞翅目幼虫，还可捕食蝼蛄、蝗虫等害虫。

【形态特征】

成虫：体长17～20mm，体宽6.5～8.0mm。头和上唇黄褐色，头顶黑色纵斑前缘凹入，触角基部4节黄色，第五节起颜色较深，与口须同为褐色。前胸背板黑色，每边有1个黄色纵斑，侧缘及正中沟黑色。鞘翅黑色，肩斑和中斑黄色，齿缘明显，侧缘、外缘黄色，翅端黄黑相间，端缘黄色。足黄色，腿节端部黑色，跗节褐色。头和前胸背板光滑，无刻点及毛。鞘翅具隆条，间室无光泽，伴生数根刺毛，纵皱褶弱。胸部腹面黄色，腹板腹侧及交

爪哇屁步甲成虫

接处黑色，形成黑色条纹。腹部黑色，各节基部黄色。鞘翅后缘平截。雄虫前足腿节膨大，雌虫不膨大；雄性外生殖器端部较尖，雌性产卵器较宽。

08 黄斑小丽步甲

黄斑小丽步甲（*Microcosmodes flavospilosus*）属鞘翅目（Coleoptera）步甲科（Carabidae）。分布于我国河南、四川、福建、广东、广西等地。主要捕食黏虫、地老虎、斜纹夜蛾等

鳞翅目幼虫。

【形态特征】

成虫：体长约7mm，体黑色，被毛，鞘翅有4个黄斑。头密布刻点，下唇须、下颚须端节斧状，触角密生短毛。前胸背板密布粗大刻点、皱褶，中部略凸，侧缘扁平。鞘翅陷沟较深，沟中有较粗刻点，间室隆起，鞘翅黄斑前大后小，均不超出侧缘，黄斑上着生的毛亦是黄色。各足腿节较膨大，雄虫前足跗节基部3节略膨大。胸部腹面具刻点，腹部腹面基部两侧刻点较粗，中、尾部刻点密细。

黄斑小丽步甲成虫

09 | 星斑虎甲

星斑虎甲（*Cylindera kaleea*）属鞘翅目（Coleoptera）虎甲科（Cicindelidae）。主要分布于我国甘肃、河北、山东、江苏、浙江、江西、福建、重庆、四川、广东、广西、贵州和云南。捕食烟青虫、棉铃虫、蝗虫等多种害虫的卵、幼虫等。

【形态特征】

成虫：体长8～9mm，体宽2～2.5mm，体背墨绿色或黑色，有光泽，腹面黑色，具绿色光泽。头部颊区无毛，头顶沿复眼圈有2对长毛。触角柄节端具1端毛。上唇近前缘处有鬃毛6～8根，唇基黑色光滑。前胸背板近侧缘纵向有几根毛，侧板近下缘有少数毛，中、后胸侧片有毛。腹部毛短而稀。鞘翅斑纹金黄色，很小，肩斑呈小星斑，雌虫中间肩斑更小。中部2斑相连，端斑不达鞘缝。

幼虫：头大，胸部凸起，腹部弯曲，全身具长毛，第五腹节背面隆起，并长有逆钩1对。

【发生规律】在热带地区1年发生1代，在寒冷地区2～3年完成1代，一般以幼虫越冬。卵产于土中，散产，产卵时雌虫先在地面挖坑，每坑1卵。幼虫隐伏于洞中，洞的长短和深浅因土质的坚硬程度而不同，在坚硬的土质中，洞稍长于幼虫体；在松软的土质中，洞可达1m多深。老熟幼虫在土穴内化蛹，化蛹前先将穴口封闭形成蛹室。成虫能用上颚和足在地下挖洞，夜间或阴雨天钻入洞穴，白天多在洞外活动，寻找猎物，交尾在洞外草丛中进行，产卵在洞穴中。孵化后的幼虫独居于洞穴中，营捕食生活，整个幼虫期不离洞穴。在穴口等候猎物，猎物通常包括昆虫和蜘蛛，用镰刀状上颚捕捉猎物。幼虫腹部有1对钩固着于穴壁，避免因捕获物挣扎而被拉出洞外。猎物被拖往穴底食用。

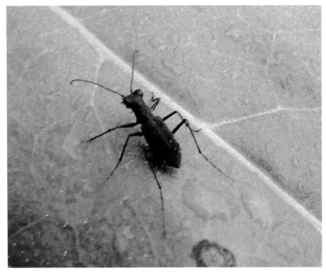

星斑虎甲成虫

当幼虫期即将结束时，在洞底的旁边再挖一个斜洞，做蛹室化蛹，直到羽化为成虫，钻出洞外活动。

烟草的生长旺期是该虫活动的盛期，该虫是重庆等烟区烟草害虫的重要天敌。

10 大灰优食蚜蝇

大灰优食蚜蝇（*Eupeodes corollae*）属双翅目（Diptera）食蚜蝇科（Syrphidae）。分布于我国湖南、湖北、甘肃、河北、北京、河南、上海、江苏、浙江、福建、云南等地。以幼虫捕食棉蚜、棉长管蚜、豆蚜、烟蚜等，在烟田较为常见。

【形态特征】

成虫：体长9～10mm，眼裸，头部除头顶区和颜正中棕黑色外，大部均棕黄色，额与头顶被黑短毛，颜面被黄毛。触角第三节棕褐至黑褐色，仅基部下缘色略淡。小盾片棕黄色，毛同色，有时混以少数黑毛。足大部棕黄色。腹部有黄斑3对，腹部两侧具黑边，底色黑，第二至四背板各具大型黄斑1对，雄性第三、四背板黄斑中间常相连接，第四、五背板后缘黄色，第五背板大部黄色；雌性第三、四背板黄斑完全分开，第五背板大部黑色。腹被毛与底色一致。

大灰优食蚜蝇成虫

幼虫：老熟幼虫体长12～13mm。

大灰优食蚜蝇幼虫捕食蚜虫 （陆宴辉提供）

纵贯体背中央有1条前狭后宽的黄色纵带，第四至十节背部正中各有1条黑纹，五至十节上的黑纹较粗，而且两侧各有1条前端向内后端偏外的褐色斜纹。背中央黄色纵带的两侧黄褐色，中间杂以黑、白、紫等色。体背和两侧有刺突，末端呼吸管甚短，黑色。

蛹：长6~7mm，棕黄色，半球形，后端腹面稍向内凹入，尾端向下略弯，呼吸管甚短，向后伸。背面有横行的黑条纹和短刺突。

【发生规律】大灰优食蚜蝇在山东烟台地区1年发生5代，以老熟幼虫或成虫在菜地浅土下越冬，翌年3月下旬越冬幼虫开始化蛹，4月上旬羽化，成虫先聚集在留种白菜、萝卜花上取食，4月以后进入麦田，在麦田繁殖1~2代，5月中旬至6月上旬形成高峰。小麦收割后迁入棉田、玉米田、烟田等。

大灰优食蚜蝇成虫羽化时间多集中在5~7时，羽化1d后即可进行交配，雌、雄均有多次交配习性。单雌平均产卵143粒，最多达232粒，卵散产。幼虫孵化后立即寻找食物，有的尚未完全蜕掉卵壳即可取食身边的蚜虫。幼虫平均每天可捕食蚜虫100余头，整个幼虫期每头幼虫可捕食蚜虫840~1500头。老熟幼虫一般下移入土化蛹，无土时，蛹期延长。

11 | 黑带食蚜蝇

黑带食蚜蝇（*Episyrphus balteatus*）属双翅目（Diptera）食蚜蝇科（Syrphidae）。分布于我国湖北、湖南、上海、江苏、浙江、江西、广西、云南、河北、北京、黑龙江、内蒙古、辽宁、西藏、广东、福建等地。以幼虫捕食蚜虫，是烟田、棉田和果树害虫的重要天敌昆虫之一。

【形态特征】

成虫：体长6~10mm，翅长5~9mm。头黑色，覆黄粉，被棕黄毛，头顶呈狭长三角形。额前端有1对黑斑。触角橘红色，第三节背面黑色。颜面橘黄色，颊大部分黑

黑带食蚜蝇成虫

色，被黄毛。中胸盾片黑色，中央有1灰色狭长条纹，两侧的灰色条纹更宽，在背板后端汇合。足细长、黄色。腹部长卵形，第二节背板后缘最宽。侧缘无隆脊。背面大部黄色，第二至四节除后端为黑横带外，近基部还有1狭窄黑横带，第二背片前黑带约在基部1/3处，第三至四节横带约在基部1/4处。雄虫第五背板金黄色或中央有1黑斑，雌虫第五背板具1弧形的黑色狭带，狭带中部向前呈箭头状突出。

卵：白色，长椭圆形，长0.94mm，宽0.37mm左右。表面具有1条密而短的白色纵纹，条纹显著隆起。

幼虫：老熟幼虫体长9mm，体宽2mm。淡灰黄色，后端杂有白色或黑色斑块。气门褐色，气门孔白色。气门板黄褐色，宽大于长。后呼吸管短。

黑带食蚜蝇幼虫

蛹：长6.50mm，水瓢状，末端较粗长，淡土黄色。背面条纹变化大，有的前端背面具2条横行长黑纹，其间还有2条黑短纹，背面中部有2～3条黑短纹；有的背部具黑色斑纹6条，两侧各有1个黑色斑点，末端呼吸管向后水平伸出。

【发生规律】黑带食蚜蝇在华北、陕西一带1年发生4～5代，以末龄幼虫或蛹在植物根际处的土中越冬。翌年4月上旬成虫出现，4月中下旬在果树及其他植物上活动或取食。5～6月各虫态发生数量很多。7～8月蚜虫等食料缺乏时化蛹越夏，秋季成虫在果园、菜田、麦田、棉田、烟田或林木上产卵，幼虫孵化后继续取食蚜虫，秋后入土化蛹。成虫羽化后需要补充营养，雌、雄成虫在飞行中进行交配。交配后雌虫将卵散产于蚜虫聚集的植物叶片上，一般叶片背面较多。未交配的雌虫所产的卵不能正常孵化。夏季高温季节，以蛹越夏。

黑带食蚜蝇发育始点温度为8～10℃，24℃恒温条件下，各虫态发育历期均最短，27℃为最高适温界线，30℃接近致死高温。

12 | 短翅细腹食蚜蝇

短翅细腹食蚜蝇（*Sphaerophoria scripta*）属双翅目（Diptera）食蚜蝇科（Syrphidae）。分布于我国湖南、湖北、陕西、甘肃、新疆、四川、贵州、云南、江苏、福建等地。主要捕食麦二叉蚜、禾缢管蚜、麦长管蚜、棉蚜、豆蚜、烟蚜等。

【形态特征】

成虫：体细长，体长8～12mm。头部黄色，单眼三角区黑色，雌虫额条斑黑色，长达触角基部。中胸盾片黑色，具光泽，两侧黄色侧条伸达小盾片基部，小盾片黄色，被黄毛。腹部狭长，两侧平行，长为宽的4～6倍；腹面黄色，背面黑色，二至四节背板中部具黄色宽横带。雌虫第五节背板两侧各有1黄斑，使之呈黑色倒T形；第六节大部黄色，具3个小黑斑。雄虫第五背板黄斑形状变异大，有时微呈雁飞状，有时整个背板黄色，仅有几个小黑点。

短翅细腹食蚜蝇成虫（张魁艳提供）

幼虫：体绿色，光滑，长约6mm。头、胸部明显较细，体背隐约可见暗色背管。

蛹：绿色，光滑无小刺突，长5mm左右。近羽化时体前部微呈淡褐色。

【发生规律】短翅细腹食蚜蝇在欧洲1年最多可发生9代。我国关中地区调查，越冬成虫于3月开始出现，4月中旬幼虫发生，捕食各种蚜虫。第一代成虫4月下旬羽化，成

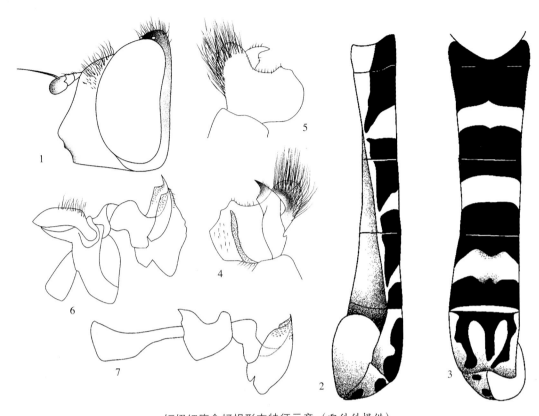

短翅细腹食蚜蝇形态特征示意（霍科科提供）

1.雄性头部侧面　2.腹部侧面　3.腹部背面　4.背针突内侧　5.背针突外侧观
6.雄性尾器侧面（第九背板去掉）　7.阳茎

虫多产卵于小麦穗部，幼虫孵化后就近取食蚜虫，每头幼虫1d约捕食蚜虫50头，幼虫期约10d。成虫5月中旬开始羽化，一直到6月初。成虫羽化后迁移到正在开花的植物上活动，如苜蓿、草木樨和月季等。6月以后迁移至棉花、玉米、烟草、蔬菜等作物上产卵繁殖，捕食棉蚜、豆蚜、烟蚜等。

13 | 梯斑墨食蚜蝇

梯斑墨食蚜蝇（*Melanostoma scalare*）属双翅目（Diptera）食蚜蝇科（Syrphidae）。分布于我国新疆、青海、陕西、内蒙古、河北、山东、浙江、湖北、湖南、江西、福建、广东、广西、四川、贵州、云南、西藏等地。梯斑墨食蚜蝇主要捕食烟蚜、棉蚜、麦蚜等。

【形态特征】

成虫：体长8～10mm，黑色，具闪光。额与颜面被灰色粉层，稍具光泽。触角棕黄色，或第三节背侧略带褐色。足大部棕黄色。雄虫腹部较狭，明显狭于胸部，长约为宽的5.5倍，第二节背板中部有黄斑1对，第三、四节背板前半部各有长方形黄斑1对。雌虫腹部圆锥形，以第四背板前端1/3处最宽，第三、四背板上的黄斑呈三角形，黄斑外缘凹入明显，如梯形，第五背板前缘有1对横置的黄斑。

卵：长0.78～0.82mm，宽0.25～0.27mm，长椭圆形，白色，表面密被白色椭圆形纵纹。

幼虫：体淡绿色，体壁光亮而柔软，从外面隐约可见体内两条纵贯全体的白色呼吸管和身体各节的淡黄褐色环状支气管，呼吸管向后伸出的长度不达尾节后缘。口钩黑色。

梯斑墨食蚜蝇成虫（张魁艳提供）

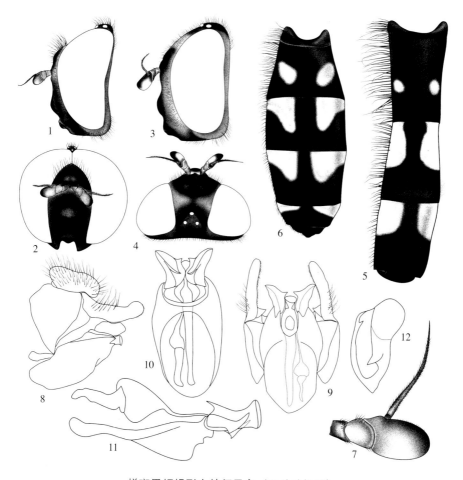

梯斑墨蚜蝇形态特征示意（霍科科提供）

1.雄性头部侧面　2.雄性头部正面　3.雌性头部侧面　4.雌性头部背面　5.雄性腹部背面　6.雌性腹部背面
7.雄性触角　8.雄性尾器侧面　9.雄性尾器腹面　10.第九腹板及其附器（腹面）　11.阳茎（侧面）　10.上叶（内侧）

蛹：蛹壳长6mm左右，水瓢形，尾端狭长。化蛹初期蛹壳为淡绿色，后变为黄绿色。

【发生规律】梯斑墨蚜蝇的详细生活史不详。成虫早春在有蚜虫的寄主植物上产卵繁殖。4月中旬至5月上旬在麦田发生数量多，捕食麦蚜，5～6月分别迁入棉田、烟田捕食棉蚜与烟蚜。4月间卵期4d，幼虫期11～12d，蛹期12～13d，由卵到成虫历期27～29d。5～6月卵期3d，幼虫期6～7d，由卵到成虫历期15～17d。7～8月卵期2d，幼虫期5～6d，蛹期5～6d，由卵到成虫历期12～14d。

14 食蚜瘿蚊

食蚜瘿蚊（*Aphidoletes aphidimyza*）属双翅目（Diptera）瘿蚊科（Cecidomyiidae）。分布于我国辽宁、吉林、黑龙江、安徽、福建、江西、山东、河南、湖北、湖南、广东、广西、贵州、云南、陕西等烟区，是蚜虫类的捕食性天敌。在烟田，幼虫以口钩刺入烟蚜成蚜和若蚜体内，吸食蚜虫组织和体液。

【形态特征】

成虫：体深褐色，密被长毛，体长1.2～1.8mm，雌虫长于雄虫。复眼黑色，在头顶左右相接。触角褐色，14节。雌虫触角约等于体长，念珠状，各个鞭节圆柱形，上着生刚毛，毛短于节的长度；雄虫触角明显比身体长，各鞭节有两个膨大部分，基部的膨大如球形，上面着生一圈环丝和刚毛，其中2根刚毛向上方斜伸，长约为本圈环丝的3倍以上，端部膨大如圆柱形，有上、下两圈环丝和刚毛，上圈环丝有1根特长，超过本圈环丝的2倍，其余为下层环丝的1.5倍，两膨大部分相连的基梗仅比端梗稍短。胸部背面隆起，棕褐色，后胸颜色较淡；翅膜质透明，翅展4.4～5.2mm，翅脉4条，第一径脉到达前缘脉基部的1/3处，径脉达翅端，肘脉端部分开，第一肘脉达翅外缘，第二肘脉达翅后缘。翅面、翅脉、翅后缘密被长毛，肘脉上方有皱褶和1条由细毛组成的带纹。平衡棒长，褐

食蚜瘿蚊成虫

色或淡褐色。足褐色，细长，为体长的
3倍以上；腿节和胫节的背面及其端部
的颜色较深，腹面颜色较淡；跗节5节，
第一节最短，第二节最长，具爪及爪垫。
腹部9节，雌虫末端尖细，具伪产卵瓣；
雄虫末端具上弯的抱握器。

卵：长椭圆形，长0.3mm，橘红色，
有光泽，表面光滑。

幼虫：体橙黄色至橙红色，蛆形，
前端稍尖，后端较钝，体13节。初孵幼
虫长约0.3mm，老熟时长2～3mm。幼
虫老熟时可见体内有白色块状脂肪体。

食蚜瘿蚊卵

食蚜瘿蚊幼虫捕食烟蚜

食蚜瘿蚊蛹

胸部剑骨分叉，叉口窄。腹部背面一至七节分别有6根刚毛，着生在突起上，其前有1～2列硬瘤，8～14个；侧面有刚毛2根；腹部末节有硬瘤14～15个。腹部一至七节腹面后部各有刚毛4根，着生在突起上。体末有两个端突，其上各着生小刺4个。

蛹：初期淡黄色，后期黄褐色。长1.9～2.2mm。茧灰褐色，扁圆形，较薄。

【发生规律】食蚜瘿蚊在北方地区和湖北以结茧幼虫在蚜虫寄主植物附近的表土下越冬。在湖北，越冬幼虫3～4月化蛹，4月上中旬为第一代产卵盛期，第二代产卵盛期在5月上中旬。在福建冬烟田，第一代成虫于4月上旬在有蚜株上产卵，5月上中旬第二代成虫在春烟田有蚜株上产卵，6月下旬雨季后因烟田高温干燥数量减少。在山东，幼虫自5月中下旬至8月在烟田发生，高温季节发生少。成虫活泼，飞行迅速，搜寻能力强。卵多产于有蚜虫的叶背和腋芽等处，多数粒或数十粒集中在一起，产卵量平均46粒。1头幼虫能捕食40多头蚜虫。老熟幼虫入土结茧化蛹。

15 │ 双斑黄虻

双斑黄虻（*Atylotus bivittateinus*）属双翅目（Diptera）虻科（Tabanidae），又称双斑华虻、复带虻，分布于我国黑龙江、吉林、辽宁、内蒙古、宁夏、河北、山西、山东、河南、江苏、浙江、福建、江西等地。幼虫捕食地老虎、烟青虫和棉铃虫的幼虫与蛹，以口器刺破害虫体表，吸取体液。

【形态特征】

成虫：雌虫体长13～17mm，头部前额黄色或略带淡灰色，高度为基部宽度的4～4.5倍，两侧平行。基胛黑色、圆形，中胛黑色、心脏形，亚胛、颊、颜具黄灰色粉被。触角橙黄色，第三节有明显的钝角突；颚须浅黄色，第二节基部粗壮、端部渐细，黑、白毛间杂。胸部背板及小盾

双斑黄虻成虫

片均为黑灰色，无条纹，密覆黄色毛及少数黑毛，腋瓣上的一撮毛呈金黄色，侧板具灰色粉被及长白毛。翅脉黄色，R_4脉有附肢体。足黄色，中、后足股节基部1/3灰色，前足跗节及胫节端部2/3黑色，中、后足跗节端部黑色，足的颜色变异较大。腹部背板暗黄灰色，着生金黄色毛及少数黑毛，第一至三节或至四节两侧具大块黄色斑。腹板灰色，具黄色及黑色毛，两侧第一至二节或至三节具黄色斑，有时黄色斑不明显。雄虫体长11～12.5mm，眼覆盖有短灰毛，上半部2/3小眼面大于下半部小眼面。触角同雌虫，仅第三节比雌虫窄长。颚须第二节浅黄灰色、卵圆形、多长白毛及少数短黑毛。中胸背板灰色，密覆黄色长毛，侧板白灰色，有浓密的浅黄色长毛。足、翅颜色均同雌虫。腹部黄褐色，密覆黄色及少数黑毛，第一至四节背板两侧具大块黄色斑，腹板暗灰色，第一至四节腹板两侧为黄色斑。

幼虫：乳白色至灰白色，体长18～20mm，体宽3～3.5mm，细长呈纺锤形，两端尖。除头部外11节，幼虫头可90°转动，并可伸到身体的末端。平时头部缩入胸节皱褶状的表皮中，当受到刺激或爬行时明显伸出。

蛹：初为黄白色，后为灰白色。头、胸部合并，前端两侧有短粗的锥形触角鞘1对。腹部8节，前7节每节后缘具刚毛环，并各有1对明显的气孔，第八节末端有3对突起。

【发生规律】该虫在山东、安徽地区1年发生1代，以幼虫越冬，翌年5～8月化蛹，成虫6月上旬至8月下旬出现，6月下旬至7月中下旬为盛发期。田间5月下旬常常可在受地老虎为害的烟株根部土壤

双斑黄虻幼虫及其捕食的烟青虫幼虫

双斑黄虻蛹

中发现幼虫。因幼虫具有相互残杀习性，田间幼虫相当分散，幼虫生活期一般达数月至1年。幼虫老熟后即钻入比较干燥的土中化蛹。1头幼虫至少可取食10多头地老虎、烟青虫等夜蛾科的幼虫或蛹，幼虫有较强的耐饥能力。蛹期较短，仅1～2周，8月上旬为10d左右。

16 | 中华大刀螳

中华大刀螳（*Tenodera sinensis*）属螳螂目（Mantodea）螳螂科（Mantidae）。广布于

我国南北各地，捕食鞘翅目、鳞翅目、双翅目、膜翅目、直翅目、半翅目、蜻蜓目等昆虫种类和蜘蛛。具有捕食量大、捕食害虫持续时间长、食虫范围广等特点。

【形态特征】

成虫：体大型，暗褐色或绿色。雌虫体长74～120mm，前胸背板长23～28mm；雄虫体长68～87mm，棕褐色，前胸背板长21～23mm。头三角形，复眼大而突出。前胸背板前端略宽，后端、前端两侧稍凹陷，具有明显的齿列，后端齿列不明显；前半部中纵沟两侧排列有许多小颗粒，后半部中隆线两侧的小颗粒不明显。雌虫腹部较宽。前翅前缘区较宽，草绿色，革质，后翅略超过前翅的末端，黑褐色，前缘区为紫红色，全翅布有透明斑纹。足细长，前足基节长度超过前胸背板后半部的2/3，基节下部外缘有16根以上的短齿列，前足腿节下部外线有刺4根，等长；下部内线有刺15～17根，中央有刺4根，其中以第三根刺最长。

中华大刀螳雌成虫

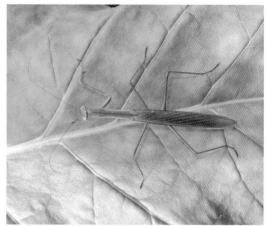
中华大刀螳雄成虫

卵：卵鞘楔形，褐色至暗褐色。长14～30mm，宽13～18mm，由许多卵室组成。卵粒淡黄色，长椭圆形，一端稍宽。

若虫：与成虫相似，无翅。五至六龄开始长出翅芽，至七龄若虫翅才发育完整。

【发生规律】中华大刀螳一般1年发生1代，以卵鞘在树枝、灌木枝条、篱笆和墙壁缝隙等处越冬。早晚活动取食，喜阴怕热，在炎热的夏天，中午常栖息在树冠阴凉处或杂草丛中。秋季气温降低时，早晚多栖息在向阳的树叶上。以成虫和若虫捕食，一旦发现猎物会迅速将其捕获，用两前足抱住啃食。

中华大刀螳卵鞘

中华大刀螳若虫

17 红彩真猎蝽

红彩真猎蝽（*Harpactor fuscipes*）属半翅目（Hemiptera）猎蝽科（Reduviidae）。主要分布于我国广东、广西、云南和福建等烟区，成虫和若虫可捕食烟蚜、烟青虫、棉铃虫和斜纹夜蛾等害虫。

【形态特征】

成虫：体长12.5～14.2mm，头长2.5～2.8mm，头宽1.11～1.25mm，腹部宽3.6～4.8mm。触角4节，均为黑色，第一、四节等长，约等于第二、三节长度之和。喙黑色，第一节达复眼的前缘。复眼黑色。头部背面于复眼后部有三角形黑色斑纹，单眼两个，着生于黑斑内。前胸背板分成前、后叶，前胸背板长约3.0mm，前叶短于后叶，前叶前缘角呈锥形突出，后叶前半部黑色，后半部红色。小盾片基部黑色。前翅膜质区黑褐色。前、中、后足均为黑色，各腿节内、外侧间有不规则的黄褐色斑点。腹部红色，第二至七节腹面各节两侧有白色椭圆斑1个，各斑之间相连处为黑色。雌虫体型较雄虫大，雄虫生殖节后缘中央呈舌状突起。

红彩真猎蝽成虫

卵：长约1.05mm，宽约0.34mm。多产于烟叶背面，初产时卵块呈浅黄色半透明状，卵粒呈柱形，紧密竖立排列成卵块，每个卵块25～65粒。卵上端有白色的圆形卵盖，后期卵块颜色变红褐色，孵化时，若虫刺破卵盖而出。

若虫：共5龄，三龄若虫开始出现翅芽；四龄若虫有翅芽，但中胸翅芽不超过后胸末端；五龄若虫翅芽比四龄的更长更大，中胸翅芽显著超过后胸末端。

【发生规律】红彩真猎蝽在广东南雄1年发生2代，成虫从11月中下旬开始越冬到翌年3月上中旬，3月中下旬可见第一代卵，4月上旬见第一代若虫，5月下旬见第一代成虫。7月中下旬可见第二代卵，9月下旬见第二代成虫，11月后成虫或高龄若虫进入滞育越冬期，翌年2月下旬至3月上旬气温回升，越冬成虫开始活动。

红彩真猎蝽成虫捕食烟青虫

红彩真猎蝽卵块

红彩真猎蝽若虫

18 环斑猛猎蝽

环斑猛猎蝽（*Sphedanolestes impressicollis*）属半翅目（Hemiptera）猎蝽科（Reduviidae）。分布于我国湖南、陕西、山东、江苏、浙江、湖北、江西、福建、广东、广西、四川、贵州、云南等地。主要捕食烟蚜和鳞翅目害虫的幼虫等。

【形态特征】

成虫：雌虫体长 14 ～ 16.5mm，体宽 3.5 ～ 6.1mm；雄虫体长 13 ～ 13.5mm，体宽

环斑猛猎蝽成虫

3.6～4.1mm。体黑色光亮，被短毛、有黄色环斑。头部尖长，有细颈，活动自如。头的横缢端显著长于后部。触角第一节具2个浅黄色环斑。喙第一节达眼的中部。前胸背板前叶呈两半球形，其近中央后部具小短脊。后叶显著大于前叶，中央具浅纵沟，后缘平直。足腿节具2～3个、胫节具1个橘黄色环斑。胸部腹面密被白色短毛。腹部中部及侧接缘每节的端半部均为黄色或浅黄褐色。雌虫前翅稍超过腹部末端，雄虫前翅显著超过腹部末端。腹部末端后缘中央突出，其顶端具2个小钩。

卵：长约2mm，宽0.4mm。初产时橘黄色，后变为棕红色。微弯曲，下部略大。卵上端略窄，似瓶颈部，顶端具圆形白色卵盖，卵盖中间具1丛白色毛状附属物。

若虫：一般为5龄。一龄若虫长约3mm，宽约0.9mm。初孵若虫橘黄色，渐变为棕褐色。头为纺锤形。复眼棕红色。前胸背板棕褐色。前、中、后足腿节端部和胫节基部为黑色，腿节具红褐色及黄色环纹，胫节基前大半部为橘黄色，腿节、胫节、跗节具无色透明刺毛。腹背棕褐色，具3个臭腺，臭腺开口周围褐色。腹背面具黑色和无色透明短毛。腹面白色。二龄若虫长约3.7mm，宽约1.1mm；三龄若虫长约5.9mm，宽约1.8mm。二至三龄若虫头部、前胸背板黑色，出现棕褐色翅芽。四龄若虫长约6.9mm，宽约2.6mm，3对足的基节、转节、腿节、胫节、跗节均具黑色及橘黄色环斑，翅芽黑色。五龄若虫长约13.8mm，宽约4mm，体色同四龄若虫。

【发生规律】环斑猛猎蝽在北京、山东（昆嵛山）、辽宁（海城）1年发生1代，以四龄若虫在枯枝落叶层和石缝内潜伏越冬，翌年3月下旬越冬若虫陆续开始活动。据室内观察，环斑猛猎蝽6月末开始产卵，产卵期为21～29d，7月下旬结束，卵期8～11d。7月上旬开始出现若虫，一直到翌年5月下旬仍可见到。若虫共5龄，成虫交配后，于6月下旬开始产卵。初孵若虫群集于卵块附近，1～2h后逐渐扩散，3～7h开始捕食。一龄若虫可捕食蚜虫、杨扇舟蛾、黄刺蛾、杨叶蜂、舞毒蛾等的一龄幼虫。一龄若虫必须经过取食害虫才能完成龄期，二龄后可捕食较大的幼虫。若虫可全天捕食，但以下午为多。

19 │ 粗喙奇蝽

粗喙奇蝽（*Henschiella* sp.）属半翅目（Hemiptera）奇蝽科（Enicocephalidae），现仅发现于我国湖北房县、郧西县和宣恩县，原本是林地、石块、苔藓、腐木和蚁穴中的栖息者，首次发现于烟田。据文献报道，粗喙奇蝽是一种捕食性昆虫，以小型节肢动物为主要捕食对象。

【形态特征】

粗喙奇蝽成虫

成虫：体小型，狭长而扁平，体长2.3mm。头顶光滑但稀布短刚毛，头近等长于前胸背板，并分为前后2叶，头后叶位于复眼后方，横阔且前部中央具倒三角形凹陷，背面不呈球形隆起，仅稍高于头前叶。喙粗短，常平伸于头前方，4节，各节密布短刚毛。复眼突出，单眼两枚，着生于头后叶前侧角处，左右远离。触角着生于眼的前部，4节，细长且柔弱，第一节最短，第三节稍长于第四节，各节稀被长刚毛。前胸背板较平坦，由前、后两横缢分为前、中、后3叶，向后渐宽，且前叶与中叶间的缢痕呈浅V形。中胸小盾片三角形，中央具纵向隆脊。前足形状异于中、后足，其胫节末端宽扁而形成净角器。前翅发达，全为膜质，中室不关闭，翅痣发达，翅脉整齐。后翅翅室简单，翅室没有沟脉。

【发生规律】在湖北烟区，粗喙奇蝽分布于海拔700～1 100m的烟田，成虫栖息于烟草茎秆和叶片上，发生盛期为7月中旬至8月上旬，但6月上中旬时烟田未见其发生。烟田周边的玉米、马铃薯和蔬菜田也未发现该蝽。成虫具有婚飞习性，若虫和卵可能生活于烟田边的土巢中。

20 │ 微小花蝽

微小花蝽（*Orius minutes*）属半翅目（Hemiptera）花蝽科（Anthocoridae）。在我国烟区常发生的小花蝽还有东亚小花蝽（*O. sauteri*）和南方小花蝽（*O. similis*）。微小花蝽在我国长江以北常见，分布广泛，分布于辽宁、安徽、福建、山东、河南、湖北、湖南、广东、广西、云南、贵州、陕西等烟区；东亚小花蝽在中部和北部常见，分布于辽宁、吉林、黑龙江、安徽、山东、河南、湖北、湖南等烟区；南方小花蝽偏分布于长江以南，如福建、湖北、广东、四川等省份，山东烟区也有分布。小花蝽以成虫和若虫在烟田捕食烟蚜、粉

微小花蝽成虫

虱类、盲蝽类、蓟马、螨类和烟青虫、棉铃虫等鳞翅目害虫的卵与低龄幼虫。

【形态特征】

成虫：体长2.2～2.5mm，体宽约1.0mm。椭圆形，黑褐色，被微毛和浅刻点，有光泽。头、前胸背板及小盾片黑色，触角、前翅爪片与革片以及足黄褐色。头部近三角形，其中叶和侧叶短钝而突出，末端较平截。复眼突出，靠近前胸前缘。触角4节，各节粗细较一致，第三、四节不明显，细于第二节。口器刺吸式，喙不达中胸。前胸背板梯形，但其后缘无缝纹状界限，胝区隆出。

小盾片宽大，基半部饱满，端半部平陷。前翅楔片端角有时呈黑褐色。前翅膜片无色，半透明，常有灰色云状斑，有3条纵脉，其中间的1条不明显。雄虫胫节下方有1列小刺。雌虫交配管细长，基段长约为端段长的1.5～2.0倍。雄虫外生殖器阳基侧突叶部的基部和中部极宽，端部迅速变细，接近鞭部着生有1大齿，贴近叶的前缘，鞭部细长略弯，约1/4伸过叶端。

卵：长茄形，长0.5mm，表面有网状纹，初产呈乳白色，后变为黄褐色，近孵化时卵盖一端有1对红眼点。

微小花蝽若虫

若虫：4龄。初孵若虫白色透明，取食后逐渐转变为橘黄色，复眼鲜红色，腹部背面中央臭腺孔周围橘红色，呈3个红色斑块。

【发生规律】微小花蝽在我国自南向北1年发生4～9代，以成虫在树皮缝隙内、树皮、枯枝、落叶下或其他隐蔽场所越冬。吉林烟区7月为发生盛期。在贵州，7～8月发生量大，捕食烟蚜。在湖北，5～6月在烟田发生多。在福建，4月上旬成虫迁入春烟田产卵，5月在春烟田及6月在开花留种烟株的烟蚜群体中常见。豫西烟区在6～8月间发生量大，捕食烟蚜、蓟马以及烟青虫、银纹夜蛾和斜纹夜蛾卵。安徽在5月下旬至7月上旬发生量大。山东夏烟田在6月中旬至7月中下旬为发生高峰期，与烟蚜发生有很好的跟随关系。据观察，微小花蝽日平均取食量为：蚜虫60头，棉铃虫卵12～50粒，棉铃虫一龄幼虫15头。成虫善飞翔，喜栖息在植物花中，取食花粉。若虫行动活泼，觅食能力强。卵产于植物幼嫩组织内和叶脉、叶柄内。

21 | 华 姬 蝽

华姬蝽 (*Nabis sinoferus*) 属半翅目 (Hemiptera) 姬蝽科 (Nabidae)。分布于我国安徽、福建、江西、山东、河南、湖北、湖南、广东、广西、贵州、云南、陕西等烟区。以成虫和若虫在烟田捕食烟蚜、粉虱、盲蝽若虫、蓟马,以及烟青虫和棉铃虫等鳞翅目害虫的卵与低龄幼虫。

【形态特征】

成虫:体长7.5~8.5mm,腹部宽2~2.8mm。体淡黄褐色,窄长。复眼暗褐色,单眼红色。触角棒状,4节,喙管弯曲呈弧形,末端与腹部紧贴。头顶中央黑斑小,有时不显著。前胸背板领及后叶上的纵深色纹有时不明显。小盾片中央及爪片顶端黑色。前翅革片上纵列的3个斑点常常不清楚,膜片有3~4个室,由此伸出一些分叉脉纹,翅脉浅褐色。体腹面中胸及后胸腹板中央黑色,有时腹部中央具纵条纹。雄虫抱器宽阔,色淡。雌虫尾部有一剑状产卵管。

华姬蝽成虫

卵:长1.2mm,宽0.4mm,半透明,似圆柱状,稍弯;卵盖白色,露于嫩茎的表面;卵单行排列。

若虫:淡黄褐色,外形似成虫,仅翅和外生殖器发育不完全。共5龄,四龄若虫时出现单眼1对。

【发生规律】 在山东和河南1年发生5代,以成虫在冬作物的基部、土缝、石块下或枯枝落叶下越冬。在河南许昌烟田5月下旬始见,5月末至6月上旬为盛发期,6月下旬数量渐少。贵州遵义在6~9月发生,捕食烟蚜,发生量大,控制作用强。在湖北,5~8月捕食烟青虫和棉铃虫的卵。在山东,6~8月出现在烟田,捕食烟蚜等害虫。成虫每天平均捕食烟蚜78.3头,最多129头;捕食斑须蝽小若虫12.7头,最多21头;捕食烟青虫低龄幼虫4.2头,最多6头;捕食棉铃虫卵最高达128粒,一龄幼虫64头。成虫有趋光性,单雌产卵百余粒。最适发育温度是24~26℃。

22 | 郑氏柯毛角蝽

郑氏柯毛角蝽 (*Kokeshia zhengi*) 属于半翅目 (Hemiptera) 毛角蝽科 (Schizopteridae),

目前仅发现于我国湖北房县和丹江口市，可捕食烟田一些小型害虫。

【形态特征】

成虫：雄虫体小，黄褐色，体长1.3mm。头部强烈下倾，几乎垂直于体纵轴；额及头顶区无长刚毛；触角4节，着生于复眼前侧方，第一、二节粗短，毛短，第三、四节细长，且第三节毛短于第四节；喙3节，粗短，仅伸达中胸腹板前半部，末端尖；复眼形状不规则，小眼少但突起呈球形。前胸背板亦强烈下倾，横宽，前部具横向的新月形领区，后缘几乎平直，仅中央微前凹；前胸侧板前侧片强烈向前扩展至复眼前侧方，并强烈囊状隆起形成前足基节窝。中胸小盾片小型，但末端具圆锥形后突。前翅质地较柔软，宽大，无前缘裂和中裂，具明显的爪片接合缝；爪片宽大，由脊状翅脉围绕；革片脉序具8个翅室。雄成虫腹部可见腹板仅5节，且最

郑氏柯毛角蝽成虫

末一节腹板十分宽大，约占腹部长度的2/5。雄性外生殖节（包括阳基侧突）常不对称。

【发生规律】在湖北烟区，郑氏柯毛角蝽主要分布于海拔300～500m的烟田，成虫栖息于烟株中部叶片的背面，发生盛期为7月中旬。雌雄二型，雄成虫具翅，有较强的趋光性。

23 | 大眼长蝽

大眼长蝽（*Geocoris pallidipennis*）属半翅目（Hemiptera）长蝽科（Lygaeidae）。分布于我国安徽、福建、江西、山东、河南、湖北、湖南、广东、广西、贵州、云南、陕西等烟区。以成虫和若虫捕食烟蚜、烟蓟马、粉虱、鳞翅目卵与低龄幼虫等。

【形态特征】

成虫：体长3.5mm，体宽1.7mm。体椭圆形，稍扁平，较粗壮，黑色，有光泽。头明显横宽，黑色，无刻点但微具横皱，被甚短的白色毛；前缘中叶伸出（呈三角形突出），侧叶端部白色。复眼大，黄褐色，肾形，突出，向后向外斜伸。单眼橘红色。触角4节，短于体长，第一至三节黑色，第四节褐色。喙黄色，末节大部黑色。前胸背板梯形，黑色，密布粗刻点；侧缘几乎直；前缘及后缘中央各有1块三角形黄白色小斑，有时不显著；后缘角处常扩大成三角形或梯形白斑。小盾片三角形，黑色，有粗刻点。前翅爪片及革片淡黄褐色，膜片色稍深；革片内角与膜片相接处有1块小黑斑，有的个体革片中部有黑色近三角形较大斑，沿爪片缝有刻点2～3列；爪片向后渐狭，无爪片接合缝，具1列刻点；膜片淡色，透明。足黄褐色，腿节基半部或大部黑色，两端色淡，雄虫足常全部淡色。体腹面黑色，各节后侧角淡色。

卵：淡橙黄色，长约1mm，宽约0.4mm，一端稍尖，另一端有5个"T"形突起。孵

大眼长蝽成虫

化前，有突起一端出现红色眼点。

若虫：共5龄。外形似成虫，三龄后长出翅芽，并逐渐长大。孵化3d后，头、胸部淡黄色，复眼暗红色突出；5d后体变紫黑色，头部较尖，腹部大而钝圆。

【发生规律】大眼长蝽1年发生4～5代，以成虫在苜蓿田、苕子田、小麦田、枯枝落叶下越冬。早春开始活动，捕食多种杂草上的蚜虫等猎物，一般自5月迁入烟田捕食害虫。在湖北枣阳和咸丰6～8月发生，捕食烟蚜和鳞翅目低龄幼虫。在山东烟田，5～8月发生，6月中旬至7月下旬发生量大，捕食烟蚜等害虫。成虫有趋光性，行动非常敏捷，爬行迅速。雌虫产卵于植物叶表或叶背及叶芽上，卵散产。

24 | 食蚜齿爪盲蝽

食蚜齿爪盲蝽（*Deraeocoris punctulatus*）也称黑食蚜盲蝽，属半翅目（Hemiptera）盲蝽科（Miridae）。在我国辽宁、安徽、山东、河南、湖北、湖南、陕西等烟区均有分布。以成虫和若虫在烟田捕食烟蚜、粉虱和蓟马等害虫。

【形态特征】

成虫：体长4.8mm，体黑褐色。触角比体短，第二节最长，第三、四节则显著短而细。前胸背板有黑色小刻点，除中线及周缘黄褐色外，其余黑色，有光泽。前胸背板的胝黑色，环状颈片淡黄色。小盾片三个顶角色淡（有时中央呈现淡的纵线），中央黑色，呈倒V

食蚜齿爪盲蝽成虫

形。前翅有刻点。爪片端部、革片中央和端部外缘与楔片交界处以及楔片顶角各有1个黑色大斑点，是其显着特征。膜片透明。足赭褐色，腿节与胫节有色较浓的斑纹。腹部黑色。

卵：茄形，长约1mm。卵盖椭圆形，赭褐色，上有较小的指状突起。

若虫：共5龄。初孵若虫暗红色，触角红、白相间。五龄若虫大致为赭褐色，全身被有长毛。

【发生规律】食蚜齿爪盲蝽在我国1年发生3～4代，以成虫于11月在枯枝落叶下或其他隐蔽场所越冬。3月出蛰，在其他植物上取食蚜虫。一般迁入烟田较晚。在河南6～8月捕食烟蚜，数量较少。在山东，6月下旬至8月中旬在烟田发生，7月上中旬发生较多，捕食烟蚜等害虫。成虫产卵于植物叶柄及嫩茎上，卵盖稍露出植物组织表面。

25 草间钻头蛛

草间钻头蛛（*Hylyphantes graminicola*）属蛛形目（Araneae）皿蛛科（Linyphiidae）。该蛛在国内分布广泛。食性广，能结网捕食，也常离网游猎捕食，捕食蚜虫、蓟马、飞虱、粉虱、叶蝉等小型昆虫及红蜘蛛，也可捕食斜纹夜蛾、烟青虫、棉铃虫、银纹夜蛾等鳞翅目的卵和低龄幼虫。

【形态特征】

成蛛：雌蛛体长2.80～3.20mm。头、胸部赤褐色，具光泽。前、后齿堤均5齿。胸板赤褐色。步足黄褐色。腹部卵圆形，灰褐或紫褐色，密布细毛。腹部中央有4个红棕色凹斑，背中线两侧有时可见灰色斑纹。雄蛛体长2.50～3.50mm。头、胸部赤褐色。前齿堤5齿，后齿堤4齿。触肢膝节末端腹面有1个三角形突。

卵袋：白色，椭圆形或圆形，扁平块状。卵袋丝表层较疏松，呈丝状覆盖物。

幼蛛：一般蜕皮4次，共5龄。一龄体黄白色且透明。二龄体黄色，眼域、背甲边

草间钻头蛛成蛛（李照会提供）

草间钻头蛛雌蛛（张志升提供）

缘色浓，中窝隐约可见。三龄体红褐色，眼域黑色，步足黄色，中窝显现，可见放射沟；步足上的毛加长、色浓；胸板桃状，红褐色，腹部灰白色，末端色浓。四龄体背和步足红褐色；中窝与放射沟均明显；腹部灰褐色；生殖器已开始显现。五龄头、胸部背面红黑色；胸板心脏形，黑褐色；雄蛛触肢末端膨大成荷包状，颈沟前端隆起；雌蛛生殖器处显著突起，显现2个黑点。

【发生规律】草间钻头蛛以成蛛、卵和幼蛛在土块下、枯叶内和麦类、豆类、蔬菜（如油菜）等冬播作物和杂草的根隙和叶簇内越冬。2月下旬至3月上旬当气温在8℃以上时即可活动。在湖南1年完成完整的6个世代，各世代平均历期为：第一代72d，第二代37d，第三代31d，第四代28d，第五代42d，第六代41d，第七代（越冬代）114d。各发育阶段的发育始点和有效积温分别是：卵期10.95℃和84.01℃；雄幼蛛期9.05℃和791.08℃；雌幼蛛期9.33℃和973.33℃。成蛛寿命一般60d左右，在20～30℃温区内，成蛛的寿命和幼蛛发育历期与温度呈负相关，即历期随着温度的升高而缩短，以一龄幼蛛期为最短，二龄和三龄期为最长。雌成蛛产卵袋数平均约8个，最多产17个以上。每个卵袋内平均有卵30粒，最多可达70粒以上。孵化率一般在90%以上。繁殖的最适温度在25～28℃。

26 | 三突伊氏蛛

三突伊氏蛛（*Ebrechtella tricuspidata*）属蛛形目（Araneae）蟹蛛科（Thomisidae），又名三突花蛛，在国内分布广泛。该蛛不吐丝结网，游猎捕食猎物。捕食斜纹夜蛾、烟青虫、棉铃虫等鳞翅目和蚜虫、叶蝉、绿盲蝽等害虫。

【形态特征】

成蛛：雌蛛体长4.6～5.7mm。前2对步足甚长，后2对步足较短。各步足具2爪，各爪有齿3～4个。腹部呈梨形，前窄后宽，腹部背面常有红棕色或鲜红色斑纹，近末端有褐色V形斑。雄蛛较雌蛛小，体长3～5mm。前2对步足的膝节、胫节、后跗节和跗节的

三突伊氏蛛雌蛛标本（王成提供）

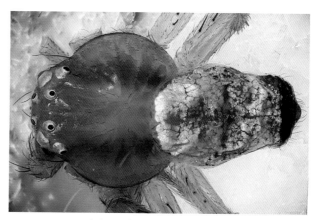

三突伊氏蛛雄蛛标本（王成提供）

三突伊氏蛛雌蛛（单子龙提供）

后端为深棕色。触肢器短而小，末端近似一小圆镜，胫节外侧有1指状突起，顶端分叉，腹侧另有1小突起，初看似3个小突起，故有三突花蛛之称。

卵袋：卵袋圆形或不规则形，每个卵袋卵量平均102粒。

幼蛛：一般蜕皮5次，共6龄。

一龄体长1.2～1.5mm。全体黄色透明，无斑纹。体毛不直立，背甲处有3～4根刺。头、胸部与腹部几乎等长，呈圆形。步足粗壮，爪不显。二龄体长1.9mm左右。体橘黄色，透明。眼丘出现。体毛和刺直立。第Ⅰ、Ⅱ对步足长于第Ⅲ、Ⅳ对步足。三龄体长1.7～2.5mm。头、胸部黄白色或浅绿色。半透明或不透明。腹部长于头、胸部。腹背心脏斑明显。第Ⅰ、Ⅱ对步足的颜色较Ⅲ、Ⅳ对颜色稍深。四龄体长2.3～3.4mm。头、胸部浅绿色或浅黄色，腹部有白、黄、浅绿色，组成不规则云状斑，心脏斑有的个体不明显。五龄体长2.9～4.3mm。雌、雄蛛已可以区别。雌蛛头部橘红色，腹部黄白、黄绿色，鳞状斑连接较密。雄蛛体色较雌蛛绿，第Ⅰ、Ⅱ对步足明显有褐色环纹。触肢末端已开始膨大呈荷包状。六龄雌蛛体长3.7～6.3mm。头、胸部白色、米黄色至绿色。腹部黄白色和银白色，腹侧到腹末有斜形环带。生殖器隐约可见。

【发生规律】三突伊氏蛛在湖北武汉以第二代成蛛和第三代幼蛛于11月中下旬在杂草、枯叶和冬播作物田内越冬。翌年3月中旬开始活动，4月中下旬开始产卵，在该地区1年完成2～3代。一般雌蛛1年发生2代，雄蛛大多数发生3代，成蛛有多次产卵的习性，因此造成世代重叠。在山东1年发生1代，越冬代4月下旬开始出蛰，游猎捕食蚜虫；5月下旬至6月上旬发育成熟，开始交尾产卵，从6月上旬至7月上旬野外均可见有卵囊，6月中旬为产卵盛期，至7月中旬很少发现卵囊，卵期平均14d左右。幼蛛孵出后不久即分散取食，至10月中下旬开始越冬。

27 | 拟环纹豹蛛

拟环纹豹蛛（*Pardosa pseudoannulata*）属蛛形目（Araneae）狼蛛科（Lycosidae）。国内主要分布于吉林、辽宁、河北、山东、江苏、安徽、江西、福建、台湾、湖北、湖南、广东、宁夏、内蒙古、四川、云南等地，属游猎型蜘蛛，活动性强，能捕食叶蝉、蛾类和蝗虫等，捕食作用明显。

【形态特征】

成蛛：雌蛛体长10～14mm。头、胸部背面正中斑呈黄褐色，前宽后窄，正中斑前方具1对色泽较深的棒状斑，中窝粗长，呈赤褐色。步足褐色，具淡色轮纹，各胫节有2根背刺。腹部心脏斑呈枪矛状，其两侧有数对黄色椭圆形斑，前两对呈"八"字形排列，其余数对左右相连，每个斑中各有1个小黑点。雄蛛体长8～10mm。体色较暗。胸板呈黑褐色。

卵袋：扁圆形，灰白色，直径8mm左右。每个卵袋含卵100粒左右。

幼蛛：从孵化到成熟可蜕皮8～12次，平均10次。

一龄体长约1.75mm，体色淡黄且透明，头、胸部和腹部上的淡色斑纹隐约可见。二龄体长较一龄变化不大。三龄腹部较二龄期相比明显增大，体长约为2.1mm，头、胸部条纹此时已扩散变粗，且色泽变深，腹部呈椭圆形，腹部斑纹呈"甘"字形。四龄较三

拟环纹豹蛛雌蛛标本（王成提供）

拟环纹豹蛛雄蛛标本（王成提供）

拟环纹豹蛛雄蛛（陆天提供）

拟环纹豹蛛雌蛛（陆天提供）

龄期显著不同，体长约3.15mm，变化最明显的是腹部，由三龄期的椭圆形变为卵圆形，长度超过其头、胸部，腹部斑纹呈"四"字状，约占腹部的一半，腹部下端多横纹，中间有1条较粗的竖纹。五龄体长约4.95mm，外部形态较四龄期变化不大。六龄体长约5.6mm，腹背有浅黄色横斑5～6条，斑中具有黑点，雄幼蛛触肢已开始膨大，色泽较浅，雌性生殖器区褐色。七龄体长约6.55mm，头、胸部明显短于腹部，心脏斑灰白色，雄蛛触肢已膨大，色泽变深。八龄在体长上明显增长，体长约7.2mm，后眼列成梯形，梯度较大。

【发生规律】在湖南西北部，以成蛛和幼蛛混合群体在田埂、杂草根隙内和冬播作物的土块下越冬。1年发生2～3代，第三代不完整，以第二代历期最短，第三代（越冬代）历期最长。以第二代成蛛和第三代幼蛛越冬。3月上旬越冬成蛛、幼蛛开始活动，4月上中旬开始产卵繁殖。第一代发生于3月中旬至7月上旬，第二代发生于7月中旬至10月上旬，第三代主要以幼蛛从12月中旬开始越冬，且越冬蜘蛛的分布型为聚集分布。全年种群数量有3次高峰，分别出现在6月底至7月上旬、8月下旬至9月中旬和10月下旬至11月中旬。尤其在第3个高峰期雌、雄成蛛的比例较特殊，雌、雄性比为1：1.2，其他两个高峰期雌、雄性比约为1：1。

28 八斑鞘腹蛛

八斑鞘腹蛛（*Coleosoma octomaculatum*）属蛛形目（Araneae）球蛛科（Theridiidae）。分布于我国安徽、福建、江西、山东、河南、湖北、湖南、广东、广西、重庆、四川、贵州、云南、陕西等烟区。以成蛛、若蛛捕食烟蚜、烟蓟马、烟盲蝽，以及烟夜蛾、棉铃虫卵与低龄幼虫。

【形态特征】

成蛛：雌蛛体长2～3mm，体色多变，有淡绿、白色、黄色、淡褐色等。8个单眼两列式排列，前眼列后凹，后眼列稍前凹；前中眼色暗黑，其余色白；各眼周围有较大黑圈。头、胸部小，背甲自后眼列至后端有1较宽的黄褐色或黑色纵纹。中窝圆形。胸板、触肢和步足均淡黄色，以第一对步足为最长。腹部圆球形，黄白色或绿色，背面有4对纵列略斜的黑斑，也有5对或6对者，很少无斑。腹部腹面白色。外雌器黑褐色，两侧均有黑斑1对。雄蛛体长2.0～2.3mm。体色较深，背甲色黄，正中黑褐色，背甲侧缘有黑纹延伸到背甲后缘。螯肢基节背面有1个较大的齿突。腹部长椭圆形，灰褐色，背面的黑斑多变，有4～5对者或1～2对者，还有后端呈黑色者。在书肺部位有倒三角形黑斑。纺器周围淡黑色。

卵囊和卵：卵囊白色，圆球形，直径为2.0～2.7mm。表面蛛丝紧密，较薄，从外面可以看到内部卵粒，卵粒白色，圆球形。

幼蛛：共4龄。一龄白色，全身光滑无毛，有光泽，包在卵袋内。二龄白色，身体各部分着生长毛，足上有刺。三龄体浅黄色，腹部有6个或8个浅黑色斑。有的仅有几个白点或无斑。四龄体黄色，头、胸部背甲正中可见明显的条状黑斑，少数头部无斑。

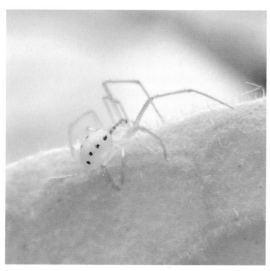 

八斑鞘腹蛛成蛛

腹背斑纹不一，有6个、8个或10个，形状有圆形或不规则形，斑的颜色有浅红、浅黑、黑色等。

【发生规律】八斑鞘腹蛛在我国1年发生4～6代，以亚成蛛和成蛛在烟田土缝、草堆和周围的隐蔽场所越冬。在福建，越冬代成蛛开始活动于4月上中旬，5月上旬产卵，卵期5～6d，初孵幼蛛集中数日后方分散，在烟株叶背、嫩芽上捕食害虫；春烟区6月上中旬在烟田数量较多。在湖北烟田4～9月发生较多。在河南许昌，于6～9月捕食烟蚜和叶蝉等害虫。在山东6～8月发生，以7～8月发生量大，一般在地表覆盖杂草较多且干扰少的烟田发生量大，栖息在烟株中下部捕食烟盲蝽、其他植食性蝽类和多种鳞翅目幼虫等。成蛛有携带卵袋活动的行为，能结小网和游猎活动。

29 | 拟水狼蛛

拟水狼蛛（*Pirata subpiraticus*）属蛛形目（Araneae）狼蛛科（Lycosidae）。其体型较大，性情凶猛，捕食作用强。国内主要分布于湖北、湖南、江苏、浙江、安徽、江西、广东、广西、贵州、山东、河南、陕西等省份。属游猎型蜘蛛，一般不结网，但在生殖季节亦可在土块缝隙间结小网。捕食蚜虫、飞虱、粉虱、叶蝉等小型昆虫，也可捕食斜纹夜蛾等鳞翅目低龄幼虫。

【形态特征】

成蛛：雌蛛体长6～10mm。背甲黄褐色，中央斑前方有明显的灰褐色V形斑纹，两侧各有1条黑褐色纵斑。前眼列平直，前中眼显著大于前侧眼。中窝纵向，褐色。步足褐色，多毛和刺。腹部背面矛状的心脏斑明显，两侧或有黑色斑纹，心脏斑后方有的个体有5对以上的暗褐色横纹或黑斑。腹部腹面淡黄褐色，无斑纹。外雌器有2个弧形突出片，边缘呈1条深红色带，但红带有的在一侧或两侧都向内凹入，而留出1色较淡的区域。雄蛛体长4.6～6.2mm，腹背的斑纹较雌蛛清晰，其他特征与雌蛛相似。

卵袋：呈扁球形，直径为2.5～4.5mm。灰白色，较薄，表面较粗糙，卵袋赤道处有波状嵌纹。每个卵袋约含卵100粒。

拟水狼蛛雌蛛标本（王成提供）

拟水狼蛛雄蛛标本（王成提供）

幼蛛：从孵化到成熟蜕皮7～9次，平均8次。最后一次蜕皮后，雌蛛生殖器清晰可见，雄蛛须肢末端膨大呈黑色，表明蜘蛛已经性成熟。

【发生规律】拟水狼蛛以成蛛和幼蛛在土室内越冬，以幼蛛为主。越冬场所以向阳温暖的田埂土缝、蚯蚓洞以及经过翻耕的冬种田、油菜田、蚕豆田的土块下和绿肥田的土缝中为主。

雌、雄蛛最后一次蜕皮表示性成熟，1～2d后开始交配，2～5d内交配最多，一般3d左右。雄蛛主动求偶，而雌蛛常躲在隧道形网巢内，等待异性的到来。交配后的雌蛛经2～6d开始产卵，平均3d左右。雌蛛交配一次可终生产受精卵。雌蛛一生可产2～4个卵袋。在重庆地区1年发生3～4代，第四代不完整。以第三代成蛛或第四代幼蛛越冬。越冬代从11月中旬开始，翌年3月中下旬越冬成蛛和幼蛛开始活动，5月初由田埂向农田内迁移。由于个体之间的发育差异、成蛛寿命长、产卵期长以及雌蛛多次产卵，致使田间各世代重叠严重。

第七章 寄生性天敌

寄生性天敌是烟田害虫的一类重要天敌，可寄生于寄主昆虫的体内或体外，影响寄主生长发育，多数种类可导致寄主死亡。部分寄生性天敌种类对主要害虫的寄生率较高，可在一定程度上控制靶标害虫的种群发展。如烟蚜茧蜂对烟蚜的自然寄生率有时高达80%～90%，棉铃虫齿唇姬蜂对烟青虫或棉铃虫的自然寄生率达30%～80%，控制作用非常明显。

据不完全统计，烟草大田期害虫的寄生性天敌有100余种，主要包括寄生蜂、寄生蝇、寄生螨、寄生性线虫、病原微生物等5大类。其中，寄生蜂60余种，分别寄生烟蚜、蟒类、蛴螬和多种鳞翅目害虫等；寄生蝇10多种，寄生多种鳞翅目害虫和蛴螬；外寄生螨类4种，分别寄生烟蚜和蛴螬；寄生性线虫1种，寄生烟青虫幼虫和黏虫等；病原微生物10多种，如蚜霉菌、白僵菌、苏云金杆菌、核型多角体病毒等，分别寄生烟蚜和鳞翅目害虫。在众多的寄生性天敌中，发生量大、控制作用强的主要有烟蚜茧蜂、棉铃虫齿唇姬蜂等。在田间小气候条件适宜时，部分烟叶产区害虫的病原微生物也有一定程度的发生，如蚜霉菌。

在寄生性天敌利用方面，我国烟草行业开展了大量工作，目前已形成较为完善的烟蚜茧蜂规模化繁殖、释放工艺，颁布了烟草行业标准《烟蚜茧蜂防治烟蚜技术规程 YC/T 437—2012》，并在我国主要烟叶产区推广应用。

01 | 烟蚜茧蜂

烟蚜茧蜂（*Aphidius gifuensis*）属膜翅目（Hymenoptera）蚜茧蜂科（Aphidiidae），是蚜虫类害虫的重要寄生蜂。该寄生蜂在我国分布十分广泛，从北部的吉林、河北、陕西、河南、山东，到南部的湖南、福建、云南等地均有分布。烟蚜茧蜂是烟蚜的一种优势寄生蜂，田间自然寄生率通常在20%～60%。目前，我国已形成一套较为完善的烟蚜茧蜂规模化繁殖应用工艺，并已在我国主要植烟区有较大面积的推广应用。

【形态特征】

成虫：雌蜂体长1.9～2.6mm，触角长1.6～2.0mm；体多呈黄褐色和橘黄色，少数为暗褐色；头横行，大于胸翅基片处的宽度；上颊比复眼横径略短；颊长是复眼径纵的1/5；3个单眼呈锐角或直角三角形排列，复眼大，卵圆形，具明显稀短毛。触角丝状，

烟田烟蚜茧蜂成虫

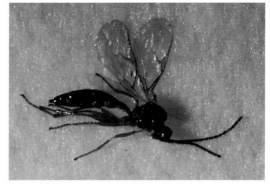

烟蚜茧蜂雌成虫

多为17节，第一、二鞭节等长，长是宽的3.0～3.5倍，端部节微加粗。盾纵沟在上半部明显；沿盾片边缘与盾纵沟有较长细毛；并胸腹节具较窄小的中央小室；翅痣长为宽的4.0～4.5倍，约与痣后脉等长，径脉第一、二段略等长；腹柄节长是气门瘤宽的3.5倍，具微弱的中纵脊；前侧区有成排纵细脊纹5～10条；产卵器鞘较粗短。雄蜂体长0.8～2.6mm，触角19～20节，少数18或21节，色泽较雌蜂暗。

卵：淡绿色，卵膜透明，卵内物质均匀，一般呈柠檬形或长梭形，长60～90μm，宽20～40μm。

烟蚜茧蜂雄成虫

烟蚜茧蜂产卵

幼虫：4龄。初孵幼虫全体透明，数小时后变为乳白色，半透明，幼虫由头和13个体节组成，弯曲呈C形。老熟幼虫体粗壮，长2.74～2.80mm，身体背部表面被有密集的近似圆形的颗粒，大小不等。头部短而圆，具有发达而粗壮的上颚。

预蛹：预蛹期体内变化剧烈，体液剧烈流通。此时复眼点开始出现并逐渐变大、凸出。随之单眼点出现、凸出。翅芽、足芽、口器逐渐增大，接近蛹态。

蛹：离蛹，足及翅紧贴于身体两侧，静止不动。整个蛹期体色不断加深，初化蛹时通体浅色，复眼橙红色，头部包括口器及触角白色透明，胸、腹部橙黄色，仅胸、腹部交界处呈橙色，生殖器无色透明。之后，头部、胸部和腹部颜色进一步加深，临近羽化时，颜色不再加深。

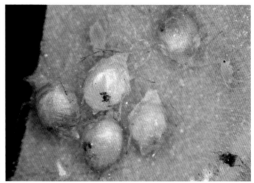

僵蚜（被寄生的烟蚜）

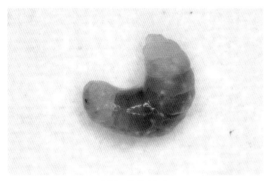

烟蚜茧蜂幼虫　　　　　　　　　　　烟蚜茧蜂蛹

【发生规律】烟蚜茧蜂在温室和大棚内可终年繁殖，无越冬和滞育现象。在田间，可以在桃树、越冬十字花科蔬菜及麦苗、窖储白菜和萝卜等场所的僵蚜内越冬。年发生世代随纬度和所处环境而异，在云南地区可发生20余代。在25℃下，完成1代需10～12d，低于10℃或高于32℃，一般不能完成生长发育。成虫在叶片反面寻找和寄生蚜虫，烟蚜茧蜂对二龄、三龄烟蚜的选择性寄生显著高于其他龄期烟蚜。烟蚜被寄生后，体型和体色可发生一系列变化，随着烟蚜茧蜂在烟蚜体内发育，烟蚜身体膨胀成僵蚜，当取食完蚜虫内脏，织茧开始后，僵蚜逐渐变为白色，而后黄白色，化蛹初期变为黄褐色，羽化前颜色达到最深。

在雌、雄两性存在的情况下，该蜂营两性生殖。成蜂羽化约半小时即可交配，雄蜂可多次交配，使雌蜂产生两性后代，而交配过的雌蜂未见重新交配现象。未交配过的雌蜂可进行孤雌生殖，产生的后代多为雄性。

02 棉铃虫齿唇姬蜂

棉铃虫齿唇姬蜂（*Campoletis chlorideae*）属膜翅目（Hymenoptera）姬蜂科（Ichneumonidae），是棉铃虫、烟青虫、甜菜夜蛾、斜纹夜蛾等夜蛾科害虫幼虫的内寄生蜂。该蜂广泛分布于我国的大部分省份，在山东、河南等烟区，对烟青虫、棉铃虫幼虫的田间自然寄生率较高。

【形态特征】

成虫：雌蜂体长4.8～6.1mm，雄蜂体长4.5～5.3mm。头部黑色。上颚黄色，下颚须和下唇须黄色。胸部黑色。翅基片黄色。前足与中足基节黑褐色；转节黄色；腿节和胫节红褐色；第一至四跗节黄褐色，第五跗节褐色。后足基节黑褐色；转节黄色；腿节红褐色；胫节亚基段和端段褐色、中段黄褐色；跗节褐色。翅透明；翅痣和翅脉黑褐色。腹部第一节黑色；第二背板大部分黑色，仅后缘红褐色；第三至六背板红褐色，仅中部有近圆形或椭圆形黑斑；第七至八背板前半黑色，后半红褐色；第二至八腹板黄褐色。产卵器黑色。体被白色细毛。头部有颗粒状刻点，无光泽。触角丝状，雌蜂28～29节；雄蜂28～30节。唇基前缘有1个钝中齿。颚眼距与上颚基部等宽。侧单眼间距为单眼与复眼间距的1.5～1.8倍。中胸盾片有颗粒状刻点，无光泽；盾纵沟缺。小盾片有颗粒状刻点，无光泽。中胸侧板有1个光滑的无毛区。中胸腹板后横脊完整。并胸腹节有强脊；基区三角形或倒梯形；中区五角形，内具刻点。前翅比触角稍长。小翅室具柄。第二回脉未在小翅室中央，明显偏向小翅室基部。小脉在基脉稍外方；后小脉在下方1/5处弯折；后盘脉无色，与后小脉相接。腹部无颗粒状刻点。第二背板窗疤明显。产卵管鞘

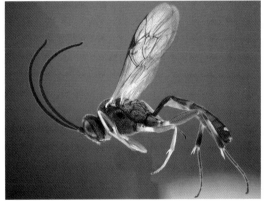

棉铃虫齿唇姬蜂雌成虫（左）和雄成虫（右）

外露，长是后足胫节的0.6～0.7倍。

卵：白色，长约0.29mm，宽约0.07mm，稍弯，似长茄形。

幼虫和茧：老熟幼虫体肥大，体长约5.57mm，体宽约1.9mm。淡黄绿色，口器淡黄褐色，从寄主幼虫体内钻出，在花蕾内或叶片上吐丝固定，然后结成褐色长椭圆形茧，被寄生幼虫仅剩空皮附于茧上。有的茧为白色，上有少量黑斑，褐茧一般质地较软，中部膨大；白茧中部圆筒形，

棉铃虫齿唇姬蜂茧和成虫

棉铃虫齿唇姬蜂茧

质地较硬。茧长5.9mm左右。

蛹：长约5.33mm，宽1.64mm，化蛹初期为白色，近羽化时，身体各部颜色斑纹基本与成虫相似。

【发生规律】棉铃虫齿唇姬蜂在黄河流域1年发生8代，在华南地区1年发生10代，是烟田中烟青虫、棉铃虫和斜纹夜蛾幼虫的重要寄生蜂。主要寄生寄主的二至三龄幼虫，也可寄生一龄幼虫，但很少寄生四至六龄幼虫。在烟田中，对斜纹夜蛾幼虫自然寄生率可达60.7%，对烟青虫幼虫的自然寄生率可达85.4%，对棉铃虫的寄生率可达55.4%，对这些害虫具有较好的控制作用。雌蜂一生仅交配1次，但雄蜂可交配2～3次。可行两性生殖或产雄孤雌生殖。

03 | 丽蚜小蜂

丽蚜小蜂（*Encarsia formosa*）属膜翅目（Hymenoptera）蚜小蜂科（Aphelinidae），是温室白粉虱、烟粉虱等害虫的重要寄生蜂。20世纪70年代末自英国引种至我国，已在安徽、福建、江西、山东、河南、湖北、湖南、广东、陕西等烟区定殖。已形成较为成熟的规模化繁殖工艺，并用于保护地、大田烟粉虱和温室白粉虱的防治中。

【形态特征】

成虫：雌蜂体长0.50～0.65mm。头、胸部黑褐色；触角、足和腹部淡黄色至黄色，触角颜色略暗，后足基节基部黑色；翅透明；产卵器浅黄色。复眼具细毛。触角8节，具微毛，索节4节，棒节2节。柄节细长，圆柱形，长于第一索节，约与第二节索节等长；梗节长于宽，并较第一索节为长；第一、二棒节等长，且与第四索节等长。除第一索节外，其余的鞭节分别具2～3个条形感觉器。头顶、颜面和胸部背板具细刻纹。中胸盾片具发达的盾纵沟，其上具刚毛多根。前翅除亚缘脉末端后方具无毛带外，翅面密布均匀微毛；缘脉较亚缘脉略长，痣脉微弯，后缘脉不发达。前、后足跗节5节，中足跗节4节（第四、五跗节愈合），中足胫节端距约等长于基跗节之半。腹部较胸部略长，末端圆钝，产卵器微露，自第四腹节伸出。雄蜂体长0.5～0.6mm。头部黄褐色，胸部和腹部黑色。触角8节。第一索节与第二索节近等长，第二至四索节以及第一棒节近等长。各鞭节均具明显的条形感觉器。其余特征与雌蜂相似。

卵：乳白色，半透明，卵圆形，初产卵长0.14mm，孵化前长0.10mm。

幼虫：乳白色，半透明，体节12节。初孵幼虫体长0.32mm，之后虫体变长，弯曲呈

C形。老熟幼虫体粗壮，长1.06mm，占寄生体腔的2/3。

蛹：体长0.64mm，体宽0.25mm。初蛹头部和胸部淡灰色，复眼淡灰黄色；之后，头部与胸部颜色加深，近羽化前，蛹头部棕色，复眼和3个单眼棕红色，胸部黑色，腹部雌性黄色，雄性黑色。

丽蚜小蜂寄生温室白粉虱形成的黑蛹

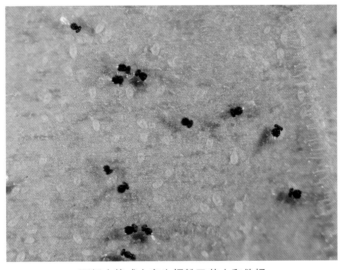
丽蚜小蜂成虫寄生烟粉虱若虫和伪蛹

【发生规律】丽蚜小蜂在野外1年发生10余代，能在烟草温室内越冬并正常发育。在适温条件下，完成1代需20～40d，在气温达10℃时即开始产卵，24℃以上时控制粉虱效果好。用药频繁的烟田很少发现。在温室中，成虫在叶片反面寻找和寄生粉虱的高龄若虫和蛹，其雌虫除寄生外，还用产卵器刺杀粉虱若虫和蛹以吸食营养。丽蚜小蜂寄生温室白粉虱，其蛹变为黑色，而寄生烟粉虱的蛹则变为褐色。该蜂常营孤雌生殖，单寄生。

04 昆虫病原生物

　　昆虫病原生物是指在自然界中存在的能侵染昆虫并使其发生疾病的生物体，主要类群包括昆虫病原细菌、真菌、病毒和线虫等。有些昆虫病原微生物（如真菌、病毒和微孢子虫等）通过传播、扩散、再侵染，在适宜的条件下形成流行疾病来控制害虫。我国烟田常见的病原微生物包括白僵菌、绿僵菌、虫霉、苏云金杆菌、核型多角体病毒等，这些种类在我国各烟区均有不同程度发生，但相对于捕食性和寄生性天敌昆虫优势种而言，病原生物对烟草害虫的自然控制作用总体较弱。

　　在昆虫病原微生物自然种群中，有不少种类对害虫致病力较强，有潜在的应用价值，可通过人工分离培养、规模化生产等途径，进一步发挥其在烟田害虫综合治理中的作用。

感染蚜霉菌的烟蚜

感染白僵菌的蛴螬　　　　　　　　　感染莱氏野村菌的棉铃虫幼虫

参考文献

REFERENCE

董阳辉，钱剑锐，徐佩娟，2008.双线嗜粘液蛞蝓的发生规律与防治[J].江西农业学报,20(1): 37-38.

范广华，刘炳霞，宋清宾，等,1955.多异瓢虫生物学的研究[J].华东昆虫学报,4(2): 70-74.

方宇澄，1992.中国烟草病虫害彩色图志[M].合肥:安徽科学技术出版社.

冯殿英，任兰花，1987.大扁头蟀的发生与防治[J].山东农业科学(5): 41.

郭予元，1998.棉铃虫的研究[M].北京:中国农业出版社.

韩国君，张文忠，韩国辉，等,2003.黑绒鳃金龟生物学特性研究[J].吉林林业科技,31(6): 15-16.

韩运发，1997.中国经济昆虫志 缨翅目[M].北京:北京科学出版社: 1-514.

何振昌，1997.中国北方农业害虫原色图鉴[M].沈阳:辽宁科学技术出版社.

胡胜昌，1990.甘蓝夜蛾的生物学特性[J].昆虫知识,27(3): 144-147.

华南农学院，1981.农业昆虫学:下册[M].1版.北京:中国农业出版社.

黄邦侃，1999.福建昆虫志:第一卷[M].福州:福建科学技术出版社: 111-112.

黄春梅，成新跃，2012.中国动物志 昆虫纲 第50卷 双翅目 食蚜蝇科[M].北京:科学出版社.

黄建，1994.中国蚜小蜂科分类 膜翅目 小蜂总科[M].重庆:重庆出版社.

黄其林，田立新，杨莲芳，1982.农业昆虫鉴定[M].上海:上海科学技术出版社.

霍科科，任国栋，郑哲民，2007.秦巴山区蚜蝇区系分类(昆虫纲:双翅目)[M].北京:中国农业科学技术出版社.

李萍，刘绍友，徐秋园，1996.关中地区常见5种食蚜蝇幼虫的识别[J].陕西农业科学(3): 35-36.

李实福，邹汉玄，1985.草间小黑蛛生物学特性的初步研究[J].动物学杂志(5): 1-3.

李照会，2002.农业昆虫鉴定[M].北京:中国农业出版社.

梁宏斌，虞佩玉，2000.中国捕食粘虫的步甲种类检索[J].昆虫天敌,22(4): 160-166.

刘延虹，陈雯，谢飞舟，2007.灰巴蜗牛发生规律研究[J].陕西农业科学(4): 126-127,129.

刘银泉，刘树生，2012.烟粉虱的分类地位及在中国的分布[J].生物安全学报,21(4): 247-255.

路红，徐伟，陈日曌，等,1999.银锭夜蛾生物学特性的研究[J].吉林农业大学学报,21(3): 1-4.

马惠，王开运，崔淑华，等,2005.甘蓝夜蛾的发生与防治[J].长江蔬菜(4): 36.

马继盛，罗梅浩，郭线茹，等,2007.中国烟草昆虫[M].北京:科学出版社: 209-218.

钱玉梅，高正良，秦焕菊，等,2000.烟草夜蛾科主要害虫的天敌——双斑黄虻[J].中国烟草科学(2): 23-24.

田静，2007.环斑猛猎蝽生物学、生态学特性及捕食功能研究[D].保定:河北农业大学.

田茂成，王明球，罗咏梅，等.2002.草履蚧在烟草上的发生及其防治初报[J].昆虫知识,39(3): 239-240.

王慧芙,1981.中国经济昆虫志 第二十三册 螨目 叶螨总科[M].北京:科学出版社.

王仁民,黄水招,张志昌,等,1980.两种稻田狼蛛的生态观察[J].动物学杂志(2):15-17.

王允华,刘宝森,傅慧钟,等,1984.多异瓢虫生活习性及发生规律的研究[J].昆虫知识(1):19-22.

王遵明,1983.中国经济昆虫志 第二十六册 双翅目 虻科[M].北京:科学出版社.

魏鸿钧,张治良,王荫长,1989.中国地下害虫[M].上海:上海科学技术出版社.

吴钜文,彩万志,侯陶谦,等,2003.中国烟草昆虫种类及害虫综合治理[M].北京:中国农业科学技术出版社.

吴六俅,王洪全,君长民,1988.稻田狼蛛种群数量变动的研究[J].动物学报,34(1):58-63.

吴六俅,王洪全,1986.拟水狼蛛(*Pirata subpiraticus* Boes. et str.)生物学研究[J].长沙水电师院学报(自然科学版),1(1):77-81.

仵均祥,2010.农业昆虫学(北方本)[M].2版.北京:中国农业出版社.

武祖荣,1957.烟潜叶蛾 *Gnorimoschema operculella* (Zeller)的初步研究[J].昆虫学报,1(7):67-80.

萧采瑜,任树芝,郑乐怡,等,1981.中国蝽类昆虫鉴定手册:第二册[M].北京:科学出版社.

薛宝东,高俊峰,王伟华,2000.长白山西南坡大豆田食蚜蝇种类及幼虫对大豆蚜的控制作用[J].吉林农业科学,25(4):33-34.

杨友兰,王全寿,2002.山西蚜蝇志[M].北京:中国农业科学技术出版社.

姚德富,刘后平,严静君,1993.环斑猛猎蝽生物学特性的研究[J].林业科学研究,6(5):517-521.

殷海生,刘宪伟,1995.中国蟋蟀总科和蝼蛄总科分类概要[M].上海:上海科学技术出版社.

云南省烟草公司玉溪市公司,2010.烟蚜茧蜂——规模繁殖与应用[M].北京:中国环境科学出版社.

张绍升,顾钢,刘长明,2012.烟草病虫害诊治图鉴[M].福州:福建科学技术出版社.

张维球,马茂昆,1997.广东烟草害虫研究与防治[M].广东:广东科学技术出版社.

张文斌,任丽,杨慧平,等,2012.农田蜗牛的发生规律及其防治技术研究[J].陕西农业科学(5):267-269.

张永强,尤其儆,蒲天胜,等,1994.广西昆虫名录[M].南宁:广西科学技术出版社:1-438.

张长荣,1991.河北的蝗虫[M].石家庄:河北科学技术出版社:1-233.

赵敬钊,刘凤想,1982.草间小黑蛛生物学和生态学的研究[J].武汉师范学院学报(自然科学版)(1):15-34.

郑英荣,王维升,2010.八字地老虎在北方地区生物学特性观察[J].吉林农业(12):109.

中国科学院动物研究所,浙江农业大学,1978.天敌昆虫图册[M].北京:科学出版社.

中国科学院动物研究所,1981—1983.中国蛾类图鉴 I - IV[M].北京:科学出版社,I:1-134,II:135-235,III:237-390,IV:319-484.

朱弘复,方承莱,王林瑶,1965.中国经济昆虫志 第七册 鳞翅目 夜蛾科(三)[M].北京:科学出版社.

朱明生,1998.中国动物志 蛛形纲 蜘蛛目 球蛛科[M].北京:科学出版社.

朱贤朝,王彦亭,王智发,等,2002.中国烟草病虫害防治手册[M].北京:中国农业出版社.